天下文化
BELIEVE IN READING

科學文化 146B

孫維新談天

Chatting about the Heavens

by Wei-Hsin Sun

孫維新／著　王季蘭／整理

作者簡介

孫維新

一九五七年生於台北，一九七九年台灣大學物理系畢業，一九八二年赴美國加州大學洛杉磯分校（UCLA）就讀天文研究所，一九八七年獲天文學博士學位，旋即至美國航空暨太空總署高達太空飛行中心（NASA／Goddard Space Flight Center）任博士後研究員。一九八九年返台，任教於國立中央大學物理系及天文研究所，曾擔任天文所所長。二〇〇七年轉往台灣大學物理系及天文物理研究所任教，現任台大教授。二〇一一年一月起，同時擔任國立自然科學博物館館長。

擔任中央大學天文所所長期間（一九九五－一九九八），協助推動鹿林前山天文台的興建計畫。從二〇〇〇年開始，於屏東海洋生物博物館建設「墾丁遙控天文台」，提供台灣有志於天文的學子一處完備的天文科學教育基地。二〇〇六年起，推動「青藏高原天文台」的建設計畫。以作育英才為使命，曾獲中央大學傑出教學獎、國科會研究甲種獎、國科會指導大專生研究獎、中央大學特殊貢獻獎、台灣大學教學傑出獎與台灣大學教師社會服務傑出獎。

曾親自撰寫旁白，並擔任主持人、製作「航向宇宙深處」系列節目，獲得一九九四年金帶獎、一九九五年李國鼎科技節目獎、二〇〇〇年金鐘獎「教科文節目主持人獎」等。曾經擔任漢聲廣播電台「生活掃描」節目中「讓我們看星去」單元的主講人。目前則是NEWS98電台「張大春泡新聞」的科學主講人之一，為大眾介紹天文知識與新發現，並談及科學教育等大眾關心的課題。

除了教學、研究與推廣科學教育，戲劇是一項永恆不變的興趣。從大學時期粉墨登場的平劇、舞台劇，到和專業人士同台演出「遊園驚夢」，舞台經驗逐漸累積。由於不甘只做演員，在美讀書期間更客串編劇兼導演，製作大型舞台劇「藍與黑」，過足了戲癮。

舞台是人生的縮影，夜空是宇宙的櫥窗，上下場的出將入相好似每天的日升月落，何其有幸，能看盡舞台上和夜空中的星光燦爛！

孫維新 談天 目錄

孫維新 談天 目錄

孫維新 談天 目錄

序言

從 on-air 到《談天》

孫維新

「科學，會創造幸福，還是帶來毀滅？」這是天下文化「93巷．人文空間」在二〇〇〇年十二月舉辦《科學並未終結》一書相關演講時，我所採用的題目。也就因爲那次演講，《談天》這本書的出現才成爲事實。演講中，我第一次見到了天下文化的林榮崧主編和王季蘭小姐，季蘭隨後和我聯絡，談到寫書的可能。二十年的天文生涯，的確累積了不少觀察和想法，一吐或許能快，但教研工作諸事蕪雜，要想好好兒坐下來，寫出一本書，那是難如登天，我花了一年的時間才了解這個事實，所以只能在現成的材料上打主意。

巧合的是，從二〇〇〇年初開始，我在「漢聲電台」梅少文小姐的安排下，每週三早上有一個小時的時間，和梅小姐對談。梅小姐每天早上的節目系列總稱爲「生活掃描」，而每週三的天文單元則稱爲「讓我們看星去」。在這一個小時裡，我試著用淺近的語言，把國際上太空和天文領域每週的最新發展介紹給「漢聲」的聽友們。錄製節目的時候，我多半會請錄音師順便側錄一卷錄音帶讓我留做參考，兩年累積下來的數量也頗爲可觀，此時剛好派上用場。季蘭聽了一卷，謄出稿子，交予榮崧看過，覺得是有可讀性，《談天》這本書的編纂於焉開始。

既然是《談天》，內容自然廣泛，季蘭整理出十餘篇較有系統的錄音稿，包含了幾項主題：（一）天文觀測的新發現：像是〈火星水世界？〉、〈掀起火星蓋頭來〉、〈眞正的「魔戒」〉和〈搜尋外星生命〉等；（二）尖端太空天文衛星任務：像是美國一系列的〈發現計畫〉、〈哈柏太空望遠鏡〉，談到歐洲「羅瑟塔」任務的〈彗星，受人敬畏有若雷電〉，以及大陸急起直追的〈神州啊，神舟！〉；（三）由太空天文尖端科技延伸出來的新技術在生物和醫學上的應用：如〈生化電子眼〉和〈聯合縮小軍〉等；以及（四）國外太空和天文計畫在科學教育及推廣上的投注：像是〈太陽系大使〉和〈從 astrology 到 astronomy〉等是。

科學的喜悅與悲哀

這本書乍看之下，像是孔老夫子「述而不作」的典型範本，介紹的是別人的豐功偉業，和「本土」無甚相關，而這些別人的尖端任務或是重要發現，多半都曾經在報章雜誌的科學版面上占據過一席之地，有識者早應讀過。那麼，出這本書的目的何在？簡言之，這本書不僅只是尖端知識的彙整而已，我希望讀者能透過書中對各項太空任務的介紹，了解科學研究的態度和科學發展的過程。

「科學」，在現代社會裡到底扮演著什麼樣的角色？在對科學的本質不熟悉的人眼中，愛之者膜拜賓服一如皈依新宗教，畏之者則視之如新世紀的洪水猛獸，想著「科學，科學，多少罪惡假汝之名以行！」

對我而言，「科學」既不偉大，也非罪惡；「科學」，不過就是一種使用「邏輯思辯」的方法來「追根究柢」的生活態度而已。這種「邏輯思辯」的方法可以用來解決生活中出現的實際問題，也可以用來發展腦海裡偶一浮現的玄想。而習於「追根究柢」的科學工作者，其好奇心一旦點燃則不可或止，上窮碧落下黃泉，也要找到一個滿意的答案。

不過話說回來，科學探索的過程並不會帶給我們最終極的「答案」，它只是不斷地讓我們知道如何去「問更好的問題」。換言之，科學並不是用來追求眞理的，科學只在於研究事實，這是科學探索過程中喜悅的來源，卻也同時是科學研究過程中最深沈的悲哀！

喜悅的來源，在於科學工作者的知識與觀念與時俱進，在不斷迎接挑戰並設法解決問題的過程中，知識日漸提升，觀念不時更新；而之所以悲哀，在於科學的領域中，沒有永恆的權威，也沒有顚撲不破的眞理。今天我們可能爲自己提出的新理論或實驗所獲得的新結果沾沾自喜，但明朝一覺醒來，別人的理論或更新的實驗結果，可能就已經取代了自己原先的想法，成了更爲周延、正確的新發現。這種認錯的過程和恆久的追尋，永無止境。

因此，在過去兩年「讓我們看星去」的節目中，我希望藉著各科學任務的規劃、設計、實行、到獲得成果，再根據成果來規劃下一個任務的過程，描繪出科學發展中「與時俱進」和「永恆追尋」的本質。我對由廣播節目綜整而成的《談天》這本書，也有這樣深一層的期許，希望它不只是彙整過去兩年來報紙科學版面的一本「天文新知一百問」，而可以在琳瑯滿目的太空任務的表象下，陪同讀者探觸科學研究的本質。當然，是否達到了這個目標，仍有待讀者的心證。

新知與舊聞之外

有一位廣播人曾說：「我喜歡做廣播節目，有兩個原因：一、我喜歡講話；二、我講話時不喜歡別人插嘴。」廣播的特性由此可見一斑。梅小姐相當尊重主講人，常常讓我自由發揮，我也就天馬行空，思想跳躍，想到哪兒說到哪兒，常被自己的思緒牽著走（get carried away）。這不像下筆爲文，常能三思而後行，較有組織而少廢話。幸有季蘭辛苦整理，重加潤飾，再配上彩圖、小注、和參考資料，大大提高了這本書的可讀性和參考性，委實功不可沒。

在科學的領域中，「新知」轉瞬間就成了「舊聞」，不斷地被更新的發現所取代，然而，在這個新舊更替的過程中唯一不變的，就是孜孜矻矻堅持到底的科學態度。這也就是我希望在廣播節目甚至於這本書中，帶給廣大閱聽朋友們的一點個人淺見，僅此而已。

——二〇〇二年七月三日　「拓荒者號」登陸火星五週年前夕

于中央大學　天文研究所

第一章

真正的「魔戒」

我總認為在太陽系九個行星中，
除了我們安身立命的地球，土星是最令人驚訝、讚嘆的天體。
不就是衝著它那金黃色的本體，和一圈奇妙可愛的光環嗎？
初次見它時，簡直不敢相信它是真的！
因為，它看起來實在太假了！

前一陣子全世界掀起一陣奇幻旋風，不管是小說、電影，《哈利波特》和《魔戒》的魅力幾乎所向披靡。《魔戒》這本書的英文是*The Lord of Rings*（戒指之王），表示這只戒指是所有戒指中最具魔力的。很有趣地，前不久美國航空暨太空總署（NASA，National Aeronautics and Space Administration）網站所發布的新聞稿，標題恰是「眞正的魔戒」（The Real Lord of the Rings），NASA的重點是放在Lord這個字上，指的是「眞正最大的環」，也就是「土星環」。在天文學中，我們常稱土星爲「環星」（Ring Planet），因爲在土星球體的外面有一圈反光的物質環繞著，就像我們小時候玩的一種玩具，叫做「樂樂球」。

NASA的新聞稿標題實在聳動，但眞正目的卻是在探討那令人目眩神迷的土星環是怎麼來的。這是一個非常基本的問題，像是小孩子第一眼看見土星照片時會舉手發問的問題。（而大人通常提出的疑問比較深入，就好比研究生會探討的題目是「土星環的組成物質」或「土星環裡物質的波動與密度變化」等。）但「土星環怎麼來的」這個問題卻是NASA在舊金山的AMES研究中心的一個科學家庫齊（Jeff Cuzzi）所提出的，他甚至宣稱：土星環才剛形成不久，未來存在的時日也不長！若庫齊所言屬實，那我要鼓勵大家趁早觀看土星環，因爲機會不多了！

美得太假了！

我在中央大學和台灣大學都有天文學的通識課程，有時我會利用到台北天文館戶外教學的機會，帶同學上四樓進行實際觀測。中央的課開在晚上，只要一聲吆喝，同學們就會跟著我到草地上，在夜空下看星星。若適逢土星出現天際，手邊又有望遠鏡的話，土星往往會成爲我們觀測的第一個目標，因爲我總認爲太陽系九個行星中，除了我們安身立命的地球，土星是最令人驚訝讚嘆的天體。不就是衝著它那金黃色的本體，和一圈奇妙可愛的光環嗎？幾乎我所遇到的每一個人（到目前爲止幾乎沒有例外）初次透過望遠鏡親見土星時，第一眼的反應必定是：簡直不敢相信它是眞的！因爲，它看起來實在太假了！（參見第33頁起的彩圖1、彩圖2）

記得我第一次透過望遠鏡看到土星，是在加州大學念博士班時，我們這一夥研究生正在準備每星期三晚上例行的天文台開放參觀活動（Open House）。這個活動是讓附近社區民眾使用望遠鏡觀看天體，或是爲民眾講解天文新知等，這是研究生的任務之一。那是我第一次使用大型天文望遠鏡，恰巧那幾天土星會出現在夜空中。當學長把望遠鏡調好、對準方位，我把眼睛貼近目鏡，發現鏡頭裡出現一顆金黃色的小球，旁邊有一圈薄薄的東西，當時我還以爲有誰在跟我開玩笑，在望遠鏡前方吊了一顆小球什麼的，後來才恍然大悟，那原來是我們太陽系的土星！眞是太奇妙了，我的第一個感覺是難以置信，怎麼會有如此精緻得像假的一般的天體！

長了兩個耳朵的行星

在開始探討NASA這位研究員提出的疑問之前，我們先談談發現土星的天文歷史。第一位發明望遠鏡的人是荷蘭人李柏謝（Hans Lippershey, 1570-1619），他在一六〇八年發明了折射式望遠鏡①。而第一次對土星環仔細觀測、研究的人是伽利略（Galileo Galilei, 1564-1642），他在近四百年前的一六〇九年，用自己動手製作的小望遠鏡，向無垠天際的各個方位觀看時發現的。伽利略的觀測結果史無前例，他看到了木星的四個大衛星——木衛一到木衛四，這是爲什麼我們今天稱這些衛星爲伽利略衛星，它們體積很大，用小型望遠鏡就可觀測到。此外，伽利略還觀測到太陽黑子橫越太陽表面，這使他了解到兩個現象，第一，太陽是會旋轉的；第二，太陽並不完美。不過，伽利略晚年幾乎全盲，傳說這是他直接觀測太陽的後遺症。（因此我們在觀測太陽表面活動時，絕不能以肉眼或未裝上窄波段濾鏡的望遠鏡來觀測②）。除了太陽之外，伽利略還觀測到月球表面的隕石坑。然而，最令他感到驚訝的，便是一六一〇年觀測到的土星了。

儘管十七世紀初的望遠鏡品質極爲粗糙，伽利略還是發現，這顆行星和其他行星是完全不同的；在他看起來，這顆星像是一個大亮點，旁邊附帶兩個小亮點。伽利略之所以會有如此感覺，是因爲土星正面的環，被土星球體本身的光「吃掉」的緣故，而旁邊薄薄的環還是可見的，所以伽利略曾形容土星是個「長了兩個耳朵的行星」！當時伽利略心裡很矛盾，他一方面希望別人能知曉自己的發現，一方面卻又想要保守祕密，獨自繼續研究這個有趣的行星，因此，他這樣用拉丁文寫出對土星的觀察：「我看到了最高層次的行星三位一體！」③

由此可知，即使是伽利略都對土星如此著迷。現在，任何一個人只要口袋裡有一點閒錢，就可以到百貨公司裡買一具直徑約六公分口徑的望遠鏡，口徑雖小，但仍比伽利略當年的望遠鏡棒多了，足以清楚地觀看到土星環，加入對土星著迷的行列。記得有一年去大陸參訪，回程時順道參觀南京的天文儀器廠，我買了一具人民幣五百元的六公分口徑望遠鏡，在當時等於台幣一千五百元，但相同類型、等級的望遠鏡，在台灣卻叫價八、九千元！同樣的成品渡海來台後，只是換了塊牌子，就聲稱是美國製造，或是德國製造，其實骨子裡都是 Made in China！

土星環從哪兒來？

太陽約是在五十億年前形成的，而地球也有約四十六億年的歲數，土星則是在四十八億年前形成。從前有很多人都認爲土星環是和土星同時形成的，若此說法正確，那麼，土星環便是在約四十八億年前，與太陽、地球等行星一前一後相偕形成。但是先前提到的那位NASA科學家庫齊卻認爲，土星環可能一點都不老，它的年齡只有幾億歲而已，很可能是在三疊紀到侏羅紀、恐龍剛開始在地球上到處亂跑時，慢慢形成的。然而在太陽系都形成幾十億年之後，太陽系照理說應該很「乾淨」才對，土星環的材料是從何而來呢？

行星的「長大」，靠的是它不斷走來走去以及它的重力；重力會吸引行星附近的灰塵與粒子，使體積逐漸增長。若土星環是與其他行星一同在太陽雲氣裡各自形成的話，土星環的組成物質尚不虞缺乏，但是，當行星發展了幾十億年，連恐龍都已經出現，甚至都經歷了漫長的演化發展過程後，此時的太陽系環境相對來說應該比較乾淨，灰塵和碎片都被清理得差不多了，怎麼還有材料供應土星環？這些土星環又是如何形成的呢？

根據這位NASA科學家的研究，土星環的形成是出自一樁天外飛來的莫名事件。他認爲可能有一個月亮般大小的天體，從太陽系外飛進來，在接近土星時，被土星強大的潮汐力④扯碎了；另一個可能是，有一個比較大的小行星，把土星原有的一個衛星撞碎了。像第二個假設那樣的天體撞擊，是偶爾會發生的，並非不可能，只是機率很低，一旦衛星被撞碎了，而土星的潮汐力又繼續撕裂已破碎的衛星碎片，便會使碎片愈來愈碎，最後分布四散形成土星環。庫齊認爲，不論是網羅來自太陽系外的天體，或是原本的土星衛星，都可能是土星環的最初材料，只不過後來被潮汐力撕裂又撕裂，形成了薄薄的土星環。

土星環的組成物質，其實只是灰塵、石塊碎片和冰塊，其體積有大有小，小的可以像微觀灰塵般小，大的有到房子那樣大的石塊，這些碎片分布在非常非常薄的範圍裡，而薄的程度叫人吃驚。土星環的直徑約二十五萬公里，而地球的直徑不過才一萬兩千八百公里，所以我們可以想像，把將近二十個地球排在一起就是土星環的直徑了。相較於這麼寬、這麼大的環，它的厚度卻薄得令人難以置信，竟然只有幾十公尺，打個比方，就好像台北地區這麼大的面積，厚度竟只有紙一般薄！土星之所以迷人，不但是因爲它絢麗奪目，那又寬又薄的土星環在科學上更是引人注目。（見圖一）

庫齊的大膽論述，自有其堅實的理論基礎，他聲稱，若把土星環的組成碎片

圖一　這幀土星環的局部照片是由「航海家二號」（Voyager 2）於1981年8月26日從土星環面前經過時所拍攝的。（Courtesy of NASA/JPL/Caltech）

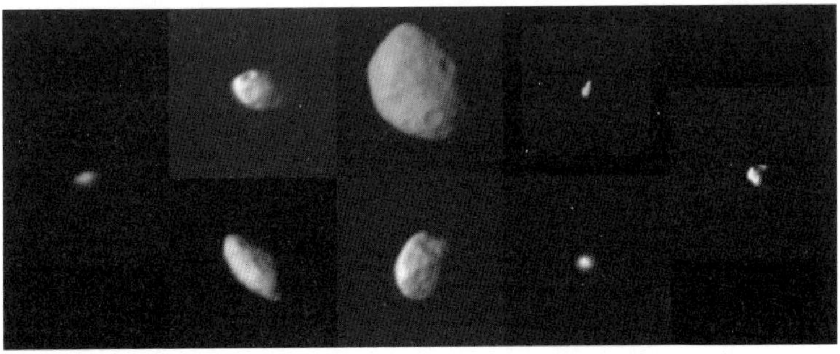

圖二　土星數個衛星的拼貼照片，其中較小的衛星尺寸相當於小行星大小，最大的有土衛一那麼大。（Courtesy of NASA/JPL/Caltech）

全加在一起，環的總質量約和土星的一個典型的衛星（例如土衛一，Mimas）質量差不多，這是庫齊理論的一個間接證據，也是比較可靠的證據。土星有許多衛星，大約六十二個（見圖二），其中土衛一的直徑大約兩百多公里，它因爲體積夠大，所以是個圓球形的天體。土衛一的表面密密麻麻遍布了隕石坑，看起來像橘子皮般，其中的一個巨大隕石坑，在它周圍分布有因撞擊壓力液化的岩漿殘跡，好像電視廣告上拍攝牛奶滴濺開的慢動作畫面，形成一個皇冠狀的結構。（見圖三）

在解釋土星環形成時間不長的論點時，庫齊表示：「因爲這個環很亮、閃閃發光，就像『新』的一樣！」他的論點絕不是玩笑話，而是有著堅固基礎的科學論述。土星環範圍寬廣，就好像土星撒下的天羅地網一樣，逐漸網羅太陽系空間裡的宇宙

圖三　土衛一Mimas。照片中清楚可見巨大的隕石坑。就是因為這個令人膽顫心驚的隕石坑，土衛一又被稱為「死亡之星」。（Courtesy of NASA/JPL/Caltech）

塵，而這些灰塵多半來自於彗星的尾巴，或是小行星撞碎所留下的碎片。在一九八六年哈雷彗星的探索任務中發現，彗星的彗核是太陽系中最暗的物質，反射率只有百分之四，換句話說，落在上頭百分之九十六的光都被吸收掉了。既然彗核這麼黑這麼暗，來自彗核的灰塵大部分也應該又黑又暗，那麼，這張收羅宇宙塵的大網，倘若年紀愈大，顏色應該愈深暗才對。然而，我們所看到的土星環明亮熠熠，它捕捉宇宙塵的歷史必然不久遠，換句話說，與土星本體相比，土星環的年紀應該是相對年輕的。

上述有關土星環質量與亮度的論點，是支持庫齊推論土星環的來源與年齡尚輕的兩個證據。第一個關於質量的論點，是比較確定的；第二個關於宇宙塵顏色的說法，目前還屬於無法確定的假說階段，因爲是否有足夠多的彗星灰塵，能使土星環受到「污染」，而變得又黑又暗，這在天文學上仍有待檢驗。

牧羊犬衛星

這位NASA科學家的另一個支持土星環年輕的證據，便是利用牧羊犬衛星

（shepherd satellite）的學說來解釋的。

土星環其實不是單獨一個環，而是成千上萬的「環」組成的，它們之所以會呈現一個扁平的環，其道理和太陽系、銀河呈扁平盤狀一樣，屬於牛頓力學的範疇；因爲遵循角動量守恆，且環裡頭的物質不斷在旋轉、被中心吸引，環上方的碎片會往下走，環下方的碎片往上跑，所以上下的物質逐漸往中間平面（赤道面）集中，而且經過不斷碰撞，時間一久，各物質會分享彼此的角動量，最後達成了共識（好像在形容我們的立法院！），找到了一個大家皆可遵循的方向。

爲什麼土星環裡的碎片能夠維持在環裡，而不會任意散掉、離開崗位呢？土星現有的衛星，已到了六十二個之多，隨著一艘艘太空船所發現的一顆顆小衛星，衛星已經多到以數字、年份來編號，不像從前用希臘神話裡的神祇來命名，譬如 Mimas、Callisto。這些繞著土星轉的大大小小衛星，有些在環裡、有些在環外，會看守這些碎片，不讓它們亂跑！這些衛星的功能就好像牧羊犬一樣，看管這層薄環內的碎片，有任何碎片想逃跑到別處，都會被這些裡外衛星的合力所牽制，這就是牧羊犬衛星的學說。（見圖四、圖五）

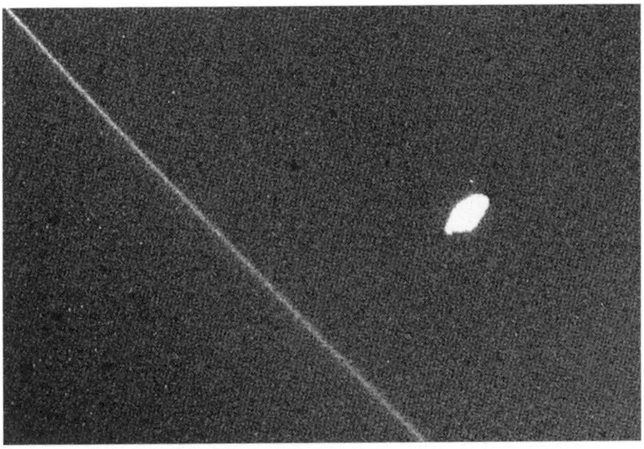

圖四　土星F環及其內的牧羊犬衛星。這顆衛星是瘦長且不規則的，其中長軸往右上方指向土星中心。（Courtesy of NASA/JPL/Caltech）

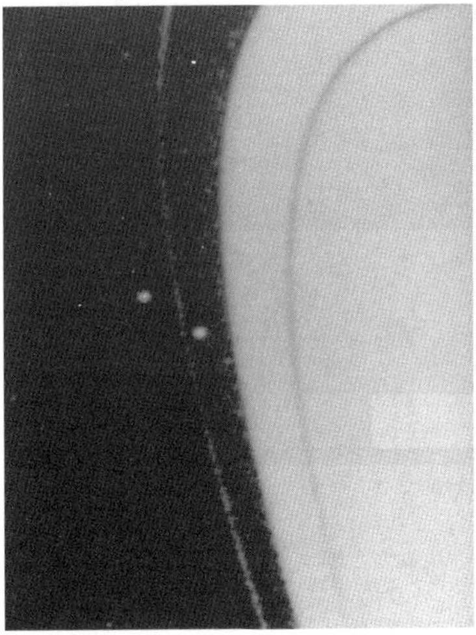

圖五　土星的兩個小衛星土衛十六（Prometheus，內）和土衛十七（Pandora，外）。就在「航海家二號」拍到這幀照片前不久，土衛十六才迎頭超過土衛十七。（Courtesy of NASA/JPL/Caltech）

但牧羊犬衛星在牽制過程中，會和土星環內的碎片或粒子有交互作用，漸漸地這些衛星會從碎片中得到更多的角動量，獲得更大的速度，最終牧羊犬衛星會被甩離它們的軌道，與土星漸行漸遠。相反的，土星環的外圈會因爲逐漸失去角動量，而往土星方向集中，故土星環會由外向內而收縮，小衛星則會由內向外一個個甩出去。因此，庫齊估計，再過不了幾億年，土星環的寬度會減爲原來的一半，好像土星的衛星會逐步把它的環吃掉似的。

目前的土星環已長到成熟階段，仍是閃閃生輝，又大又亮，表示它還是很年輕的系統，還未受到小衛星鯨呑蠶食，卻已停止吸納與增長了。它的下一階段，便是環內物質失去能量，往裡頭掉落，到那時，土星環便會逐漸向內收縮。

所有前述關於土星的推論與想法，即將在不久的未來，得到驗證，因爲有一艘太空船現在正朝著土星方向奔去。

等待二〇〇四年

我們通常以爲，一旦決定出幾個重要又關鍵的課題時，NASA或其他國家的航太總署，便可以撥出經費，建造一艘太空船，以他們要研究的對象為目標，飛奔而去。但其實NASA太空任務的運作與一般程序有些不同。

以目前這艘飛往土星的太空船卡西尼號（Cassini）為例，經過一段時間的努力與激勵，大家對土星的各種課題已累積出足夠的好奇與科學問題了（可能有幾十種、上百種課題與假設），NASA才終於願意花上一大筆錢，製造一艘專門研究土星的太空船，攜帶一些可以蒐集大部分研究課題所需資料的儀器，飛往土星。但NASA所做的，絕不限於這些。這艘卡西尼號從一九九七年十月十五日發射升空，到現在已走了四年多了，預計在二〇〇四年抵達土星，而庫齊這時（二〇〇二年）針對土星環的來源與未來所提出的論點，正是卡西尼號所肩負的解開疑團的主要任務，換句話說，卡西尼號所蒐集的數據，可以提供給庫齊和其他行星科學家研究相關課題。⑤

NASA各中心的科學家，有時會和大學合作，每年提出一大疊奇奇怪怪的構想，堆在NASA的計畫桌上。在太空船進行詳細規畫的過程中，NASA會找來一幫人，專門挖掘在此次太空船任務的大課題之外，還有什麼相關的子課題，是可以順便利用太空船傳回來的資料來做研究的。地面上的這一幫人，我們稱之爲「科學定義小組」（science definition team），他們不但要列舉各式各樣的課題，還要討論這些課題需要用哪些數學、物理或化學方法來檢驗或研究，甚至把整套分析的過程都寫出來。一旦太空船或衛星抵達目的地，許多條專門解決疑難問題的生產線也早已預備好了，只要將數據從一端送入，結果便會從另一端跑出來；NASA不會採取「讓熱騰騰的數據傳回來之後，放在一旁冷卻，再把科學家統統聚在一起，討論該如何解決」這樣浪費時間又無效率的方式！

NASA的考量是通盤、全面的，不僅做到有備無患，更要未雨綢繆。若遇到衛星延遲發射升空個兩三年，NASA的科學家可不是就在實驗室裡閒著，他們會繼續進行模擬的步驟，模擬衛星可能傳回來的數據、假想不同狀況的數據應採取什麼配套措施等。等到眞正從衛星傳回來了數據，地面上的科學家便可馬上判讀，好比說若得到的數據是A類型，意義代表的是X情況；若得到的數據是B類型，代表的便是Y情況了。在這一方面，他們是理論與實務並進的，值得我們借鏡，畢竟要成爲一個科技大國不容易，需要各類的科學頭腦，也不能缺少總

彩圖 1 太陽系內八個行星的影像合成圖。每個行星都是由特定的太空船於近處拍攝，由上而下分別為：水星（水手十號）、金星（麥哲倫號，Magellan）、地球（伽利略號）及月球、火星（維京人號）、木星、土星、天王星、海王星（皆為航海家號）。冥王星不在其中，因為尚無太空船登門造訪。圖上方四個類地行星互成比例，下方的四個類木行星則互成比例。（Courtesy of NASA/JPL/Caltech）

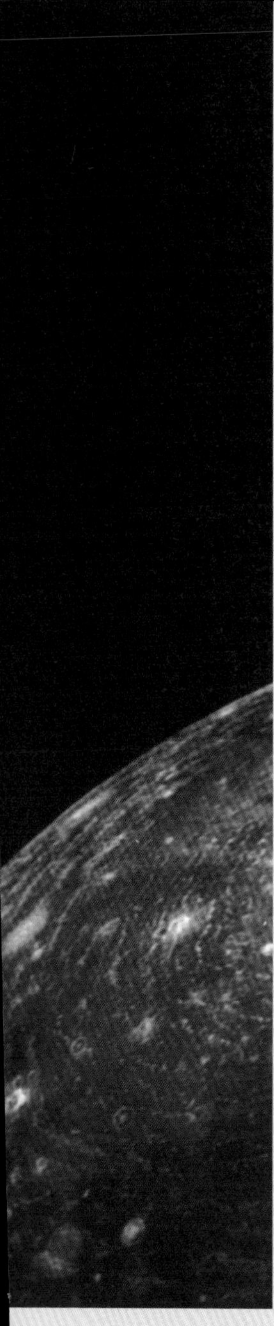

彩圖2 這幀接近自然原色的圖片包含了土星、土星環，以及離土星較近的的四個衛星。其中三個衛星土衛三（Tethys）、土衛四（Dione）、土衛五（Rhea）是圖左方夜空中由上而下的三個白點，另一個衛星（土衛一，Mimas）是土星表面左方、環下方處的一個黑點。土星為太陽系中僅次於木星的巨大行星，但由於它的低密度和快速自轉，兩極之間的距離比赤道直徑小了10%。土星環的外環稱為A環，內環稱為B環；中間的環縫以發現者的名字命名為「卡西尼環縫」（Cassini Division），寬達3,500公里，幾乎可以擺進整個美國。（Courtesy of NASA/JPL/Caltech）

彩圖3 這張合成影像包含了木星和其四大衛星（又稱加利略衛星），是「航海家一號」於1979年3月個別拍攝的。衛星們和木星間不按比例，但相對位置大致正確。最接近土星、顏色偏紅的是最左方的木衛一（Io，埃歐），圖中央的是木衛二（Europa，歐羅巴），下方偏左的是木衛三（Ganymede，甘尼米德），右下角則是木衛四（Callisto，卡利斯多）。（Courtesy of NASA/JPL/Caltech）

彩圖 4 這張合成影像包含了海王星及其最大的衛星海衛一（Triton，崔頓）。影像合成的方式讓人感覺彷彿是由一艘接近海衛一南緣的太空船所拍攝的圖像，而遠方海王星的「大暗斑」，正是它的特徵之一。
（Courtesy of NASA）

彩圖5 1999年6月5日，「發現號」太空梭由酬載艙釋放出「星輝一號」，用以研究衛星受大氣影響的程度。（Courtesy of NASA）

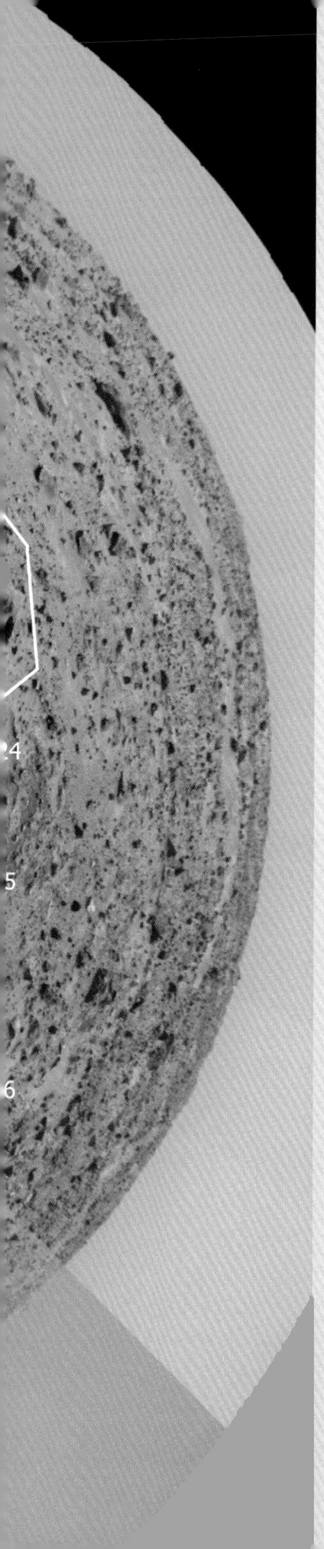

彩圖 6　這張圖是把原先「拓荒者號」所拍的360度迴旋攝影的火星表面影像，貼成一個圓形所得出來的，看起來像是從「拓荒者號」上方用廣角鏡頭拍出來的。圖中的白線，是小車子「逗留者號」在83個火星天中所走過的軌跡。
（Courtesy of NASA/JPL/Caltech）

彩圖 7　這張照片是由八幅影像組合而成的，是「拓荒者號」登陸火星表面不久，放出小車子「逗留者號」的一個火星傍晚（可以由長長的影子看出來）。小車子的六個輪子獨立懸吊，可以跨越小型障礙。圖右下方是原先保護「拓荒者號」破空而下、直接撞擊地面的氣囊，已經消了氣；左下方則是讓小車子滑下「拓荒者號」的軌道。（Courtesy of NASA/JPL/Caltech）

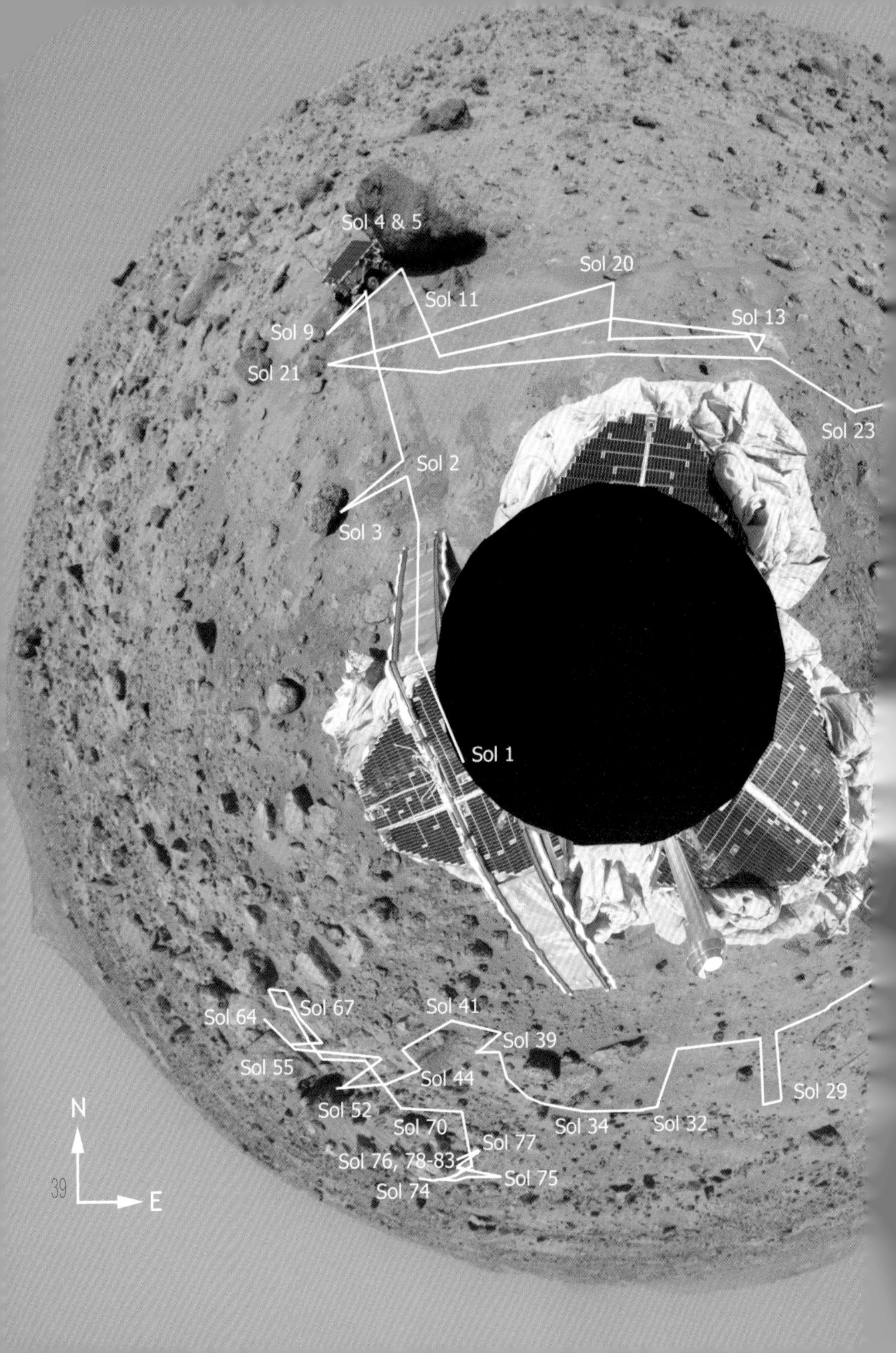
Sol 4 & 5
Sol 20
Sol 11
Sol 13
Sol 9
Sol 21
Sol 23
Sol 2
Sol 3
Sol 1
Sol 64
Sol 67
Sol 41
Sol 39
Sol 55
Sol 44
Sol 52
Sol 29
Sol 70
Sol 34
Sol 32
Sol 77
Sol 76, 78-83
Sol 75
Sol 74
N
E

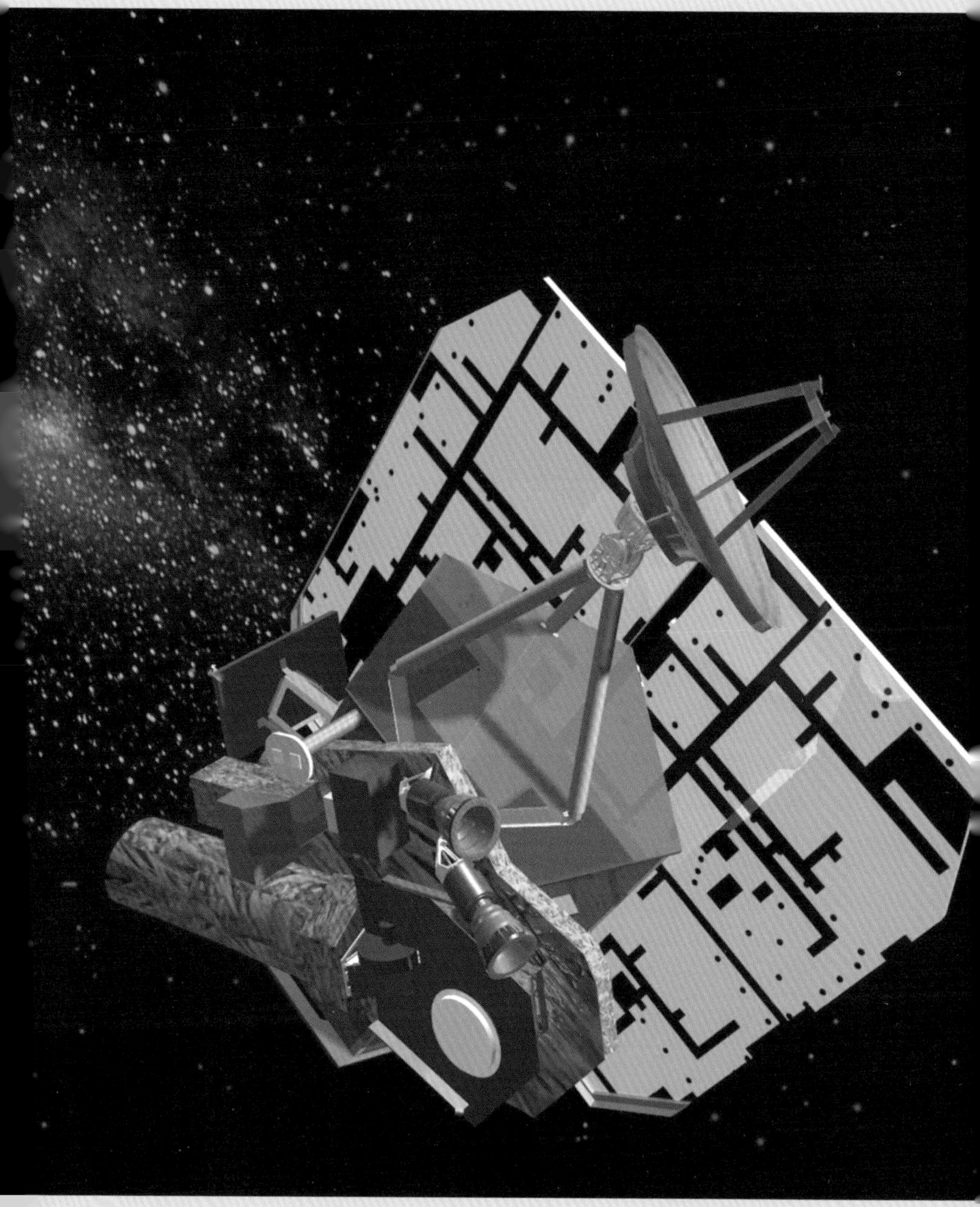

彩圖 8 畫家筆下的「深度撞擊」太空船。預計在2005年7月用慘烈的撞擊方法研究彗核內部成分。圖右方是太空船本體，圖左是釋放出來的大銅塊，正對著遠方的彗星奔去。（Courtesy of NASA/JPL/Caltech）

JPL

彩圖9 哈柏太空望遠鏡豎立在「奮進號」太空梭的尾端，太空梭的遙臂正將太空人送往望遠鏡頂端，裝置磁力針的保護罩。緊貼望遠鏡上半部左右兩根豎立的棒狀物就是已回收入捲軸的太陽能板。時間是1993年12月，哈柏望遠鏡的第一次到府服務任務。（Courtesy of NASA/JPL/Johnson Space Center）

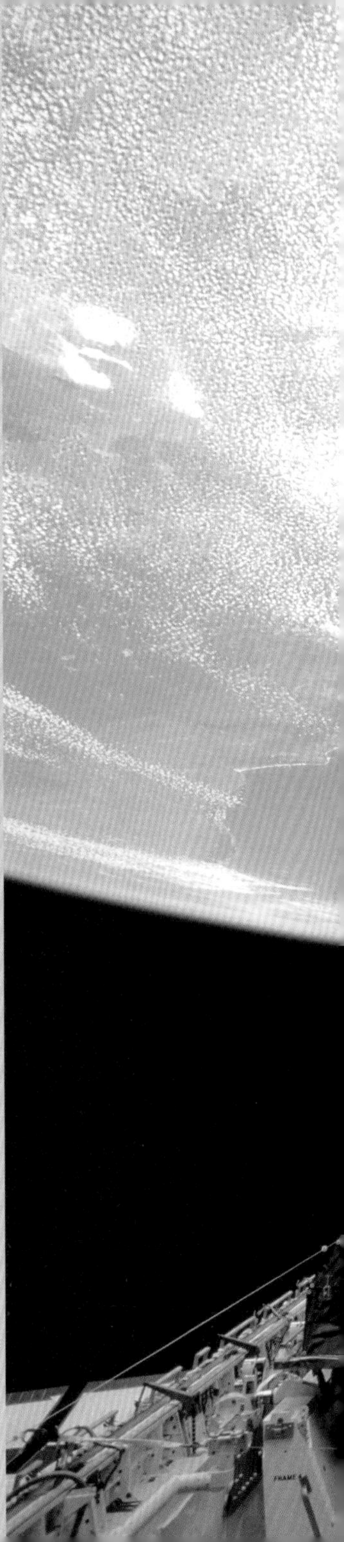

彩圖10 1993年9月，「發現號」太空梭上的太空人正在測試一個踏腳的圓盤，這個圓盤將被固定在太空梭遙臂的尾端，供太空人站立之用。三個月之後，第一次哈柏望遠鏡的到府維修，就需要使用這個裝置進行工作。

（Courtesy of NASA/JPL/Johnson Space Center）

彩圖11 2002年3月，哈柏太空望遠鏡的第四次修復任務，太空人正在拆換第二代的太陽能板，準備換上第三代的太陽能板。（Courtesy of NASA）

彩圖 12 2002年3月，太空人正在展開一片第三代的太陽能板，這片太陽能板將取代原有的裝置，以更高的效率提供哈柏太空望遠鏡運作所需的能量。（Courtesy of NASA）

管人事或居間協調的人才。希望有朝一日我們也能朝此方向走下去，才不會讓一些大型科學計畫或任務在受到肯定與支持後，卻又遭受改朝換代或政務官任期的影響。在進行過程中也應該有各種配套研究的支援，使得所花費的精力與資源，都能夠獲得等值的報償。

土星環保護運動

許多科幻小說裡，都提到過類似的情節：一批外星人來到太陽系探險時，見到土星特殊的形狀、壯麗的外貌，都不禁感嘆太陽系裡竟有如此的天體，好像在他們自己的家鄉都沒見過這樣有環的行星。但實際上，太陽系裡不只土星得天獨厚，木星、天王星、海王星也都有環，只是它們的顏色比較黯淡，不像土星環那般明亮耀眼罷了。若土星環的未來真如庫齊所預言，會慢慢由外往內消失，一旦缺少了這份光彩，我們的太陽系會不會變得索然無味、缺少生氣？但或許幾億年之後，人類會在銀河裡探索到更多類似土星環的結構（如果到時人類還存在的話），美得更令人驚嘆，那時大家可能早不在乎我們獨一無二的土星環所面臨的生死危機了。

話說回來，倘若幾億年後的人們在浩瀚的銀河裡，並沒有發現比土星環更絢麗的結構時，或許地球上的「新興環保人士」會極力鼓吹，設法讓科學界想出什麼法子，來保護宇宙中絕無僅有的土星環吧！

【注釋】

① 後來發明放大倍數較高的反射式望遠鏡的人，是牛頓（Isaac Newton, 1642-1727），他在一六六九年首次製造體積小、倍率高達四十的望遠鏡，這項發明也立即使牛頓當選爲英國皇家學會院士。

② 觀測太陽表面活動時，絕對避免直接用肉眼或用望遠鏡看太陽，尤其是望遠鏡，因爲透鏡是聚光的，必須使用加有窄波段濾鏡的望遠鏡來觀測。若我們有一具望遠鏡，想要自行觀測太陽，卻又沒有濾鏡時，可以使用一種克難的方法：拿一張白紙，放在望遠鏡後方，讓

太陽影像透過望遠鏡投在白紙上，前後挪移，找到焦距，使太陽清晰成像，這也就是所謂的太陽投影板。

③三位一體（Trinity）指的是基督教義裡的三位一體論，信仰天父、聖嬰和聖靈三位爲不可分的一體，所謂三在一中、一存於三。

④潮汐力（tidal force），因天體的重力差所產生的力。針對一個行星及其衛星而言，行星靠近衛星那一面所受到的重力，遠比它的另一面——遠離衛星的那一面，要來得大。

⑤後記：卡西尼號太空船於二○○四年七月一號順利進入環繞土星的軌道，並於二○○四年底放出登陸艇惠更斯號（Huygens），經過二十天的旅程，惠更斯號降落在土衛六泰坦的表面上。透過惠更斯傳回的畫面顯示，泰坦的表面有甲烷構成的湖泊。卡西尼號在過去六年中，拍攝了許多土星其他衛星與土星環的影像，提供了科學家豐富的研究資料。

第二章

從astrology 到astronomy

了解自己的性格甚至潛在的意識是很迷人的，
這便是為什麼老老少少都對占星術趨之若鶩了。
但假使一個人熱情如火、或冷若冰霜
是因為他出生在某一個月份的結果，
那麼全球六十億人口就可以簡簡單單分成十二種個性了！

我在大學開設的通識課程「認識星空」中有一堂課叫做「從占星術到天文學」，占星術的英文是astrology，天文學的英文是astronomy，不論你信不信，大約有一半以上的美國人分不清楚這兩個字的差別！儘管在我們科學工作者眼中，占星術是一門「僞科學」（pseudoscience），但在現代社會裡它仍然扮演著令人不可忽視的角色。不單是年輕人對占星算命趨之若鶩，就連世界各地的政治領袖在做重大決定之時，也不免受到占星術影響。從西洋傳入的占星術，在台灣有廣大的市場和影響力，而自古老中國流傳下來的命面手相、紫微斗數、卜卦摸骨、氣功靈療等占卜學問，也都深遠地影響著台灣社會的各個層面。

從「敬天」到「順天」

占星術起源於三千年前的兩河流域美索不達米亞平原，最早是用來預測國王與國家的命運。到了西元兩百至三百年左右，占星術由巴比倫傳入希臘，希臘人把它刪減增補、發揚光大，就成爲我們今天所熟知的占星術。它不再單純地爲國王和國家服務，反而成爲一般平民使用出生時間來預測自己性格及命運的一種媒介，自此以後，占星術即向世界各地傳布，所到之處，莫不廣受歡迎。

從天文星象看命理是很古老的傳統，這是人從「敬天」到「順天」的過程。人類敬畏天象，乃因天象對人的生活影響很大，所以就想辦法觀察日月星辰運行的法則，因此敬天；而從敬天隨後發展出來的「從天象預測國家興衰和個人命運」，就有點走向偏頗了。占星不同於觀察大氣的變化，「月暈而風，礎潤而雨」是有科學根據的，但若要從星星的分布來看地上人們的命運，就有點讓人摸不著頭腦了。

記得一位科普書作者曾經打過一個比方：若有人將未來的命運取決於此刻在全球天上飛的波音七四七所排列的形狀，許多人一定會笑說這是很荒唐的；但實際上，銀河系星體運動的速度絕不下於波音七四七，因爲太陽繞銀河系中心運動的時速大約是一百萬公里。我們現在看到的星星（包括構成夜空星座的恆星），全都是我們銀河系裡的恆星，它們相對於地球的運動速度都非常快，但因其距離地球太遠，使得它們於一段時間內移動的距離在我們看來微不足道，所以構成的星座圖案在幾千年內不會有太明顯的變化，但只要將時間拉長到未來幾萬年，這些星座的形狀絕對不會是我們現今看到的模樣。

更糟的是，這些恆星彼此間是沒有關連的，例如北斗七星的每一顆恆星和我們的距離都不一樣；若從宇宙的另一個角度望去，它絕對不是如我們現在所見的樣子。因此，只因爲這些恆星於短暫幾千年的時間在天上所呈現的形態，就牽強附會地把這些絲毫沒有關係的恆星想像成擬人化或動物化的形象，這些形象本身已經令人匪夷所思了，再把從這些形象引申出的特性加諸在人身上，實在令人無法理解其中的邏輯。

占星術的盲點

那麼占星術究竟奠基於何種「道理」、又是如何「應用」到命盤解析與運勢預測的呢？利用一個人出生的那一刻太陽、月亮及各行星在天空中的位置，建構出一幅「天宮圖」（horoscope），然後再依據此圖解釋此人的個性及命運，甚至預測每日運氣，這就是占星術。一般而言，占星術先把人們的出生日期用黃道十二宮的星座來區分，由三月二十一日春分點開始，是白羊座，一個月之後是金牛

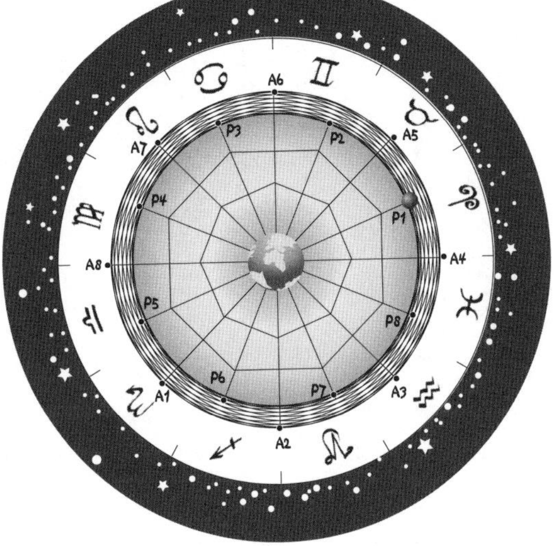

圖六　黃道十二宮示意圖

座，然後以此類推，每個星座所占的時間都是由這個月的二十二日到下個月的二十一日。如果說某人是雙子座的，意思是指他／她出生的時間在五月二十二日至六月二十一日之間，在這段時間裡，太陽在天上的位置是在黃道帶（zodiac）上的雙子座，因此一個人在占星術上是什麼「座」，就是由出生時太陽在黃道帶上的視位置（apparent position）來決定的。

除了太陽的位置之外，月亮和各行星在此人出生時的位置也納入考量，因此整個天宮圖看來複雜得多，好像也很「科學」似的。然而按照出生時間所決定的天宮圖，在科學上到底有沒有意義？我們接下來試著用邏輯推導占星術的幾個盲點。

首先，因為劃分成十二個星座，所以全球人口的十二分之一、約莫五億人左右，應該有著類似的性格，想來令人不太能相信。其次是一個比較根本的問題：為何選擇出生的時間做一切預測的根本？尤其在醫學十分發達的今日，出生的時間幾乎可以隨心所欲，從而使得出生時間不再是唯一的標準，相形之下，「受胎時間」反而來得絕對的多！

另一個問題是，為何不同流派的占星學家彼此意見常常相左？科學最重要的特質，就是在同樣的條件設定下可以得到同樣的結果，也就是說我們可以預測科學實驗所得出的答案；但不同流派的占星學家對同一個人的預測卻常有天壤之別，我們從每年歲末時節的報紙就可以看出端倪。到了年終歲尾，報上總會刊出所謂世界十大預言家對明年的世界局勢、各國領袖的命運等預測，但有時針對同一個人卻會有截然不同的預測，這就讓人無所適從了。

另一個更嚴重的問題是行星發現的年代，人們肉眼可見的行星僅有金星、木星、水星、火星、土星五個，但太陽系中除地球外另有天王星、海王星、冥王星三個行星。可是我們知道，天王星是在一七八一年由原籍德國的英國天文學家赫歇爾發現的，海王星是在一八四六年由英國人亞當斯及法國人萊威利埃各自發現；而冥王星更要到一九三〇年才由美國天文學家湯博發現①。而在這些年代之前，天宮圖上根本就沒有這些行星存在（當然目前的天宮圖都已把這三顆行星包含在內了），如此一來，過去的天宮圖到底準不準？在過去的年代裡，不知道有遙遠的外行星存在，未把它們納入天宮圖一起考量，但這些行星終究是存在的，按占星的理論而言必定會造成影響。因此過去的天宮圖照理說應該是不準確才是，然而現在的天宮圖就準確了嗎？不見得！萬一哪一天發現了第十顆行星怎麼辦？那時的「天宮圖」是否又要改寫？

同樣的，行星的衛星也會造成困擾。天宮圖裡並沒有把各行星的衛星列入，但事實上，有幾個行星的衛星其體積遠超過太陽系裡較小的行星。舉例而言，水星的直徑約四千八百八十公里，但木星的衛星木衛三（Ganymede，甘尼米德）

是五千兩百八十公里，土星的衛星土衛六（Titan，泰坦）是五千一百五十公里，都遠較水星來的大，即使是木星的另一顆較小衛星木衛四（Callisto，卡利斯多），也有四千八百一十公里，和水星一般大小。像這些超過行星大小的巨大衛星，在占星術裡卻沒有任何地位，想來不甚合理。（請見圖七與彩圖3）

謎樣的冥王星

行星繞著太陽轉，而衛星繞著各行星轉，如果說因爲地位不同，所以只把行星納入考量，衛星則否，那又衍生出一個新的問題，就是太陽系外緣冥王星的出身之謎。

冥王星體積非常小，直徑只有兩千三百公里，是地球直徑的百分之十八，質量更輕，僅是地球的千分之二。在太陽系外緣的行星中，冥王星和其他巨大的類木行星（包括木星、土星、天王星、海王星）擺在一起實在很不稱頭。同時冥王星的軌道平面也很奇怪，它不像其他行星軌道接近正圓，而是一個軌道偏心率②爲〇．二五的狹長橢圓。不單如此，這個橢圓軌道還有部分與海王星的軌道相交

圖七　幾顆主要衛星與水星、冥王星的相對大小示意圖。

圖八　外行星的軌道傾斜與偏心率示意圖。

（見圖八），也因此在冥王星公轉一周兩百四十八年的時間裡，大約有四十多年是在海王星軌道之內，也就是說在這四十年中，冥王星離太陽比較近，海王星反而是太陽系裡最遠的行星。

　也就因爲如此奇怪的軌道現象，讓天文學家不禁推想，冥王星早年可能不是繞太陽公轉的行星，而是一顆繞著海王星轉的衛星：在一次外來天體擦掠海王星近旁的事件中，被外來天體的引力扯離了原來的軌道，進入繞太陽的軌道運行，成為太陽系第九顆行星。這個早年普遍為大眾所接受的理論似乎有觀測證據支持：海王星目前有兩顆較大的衛星——海衛一（Triton，崔頓，見彩圖4）及海衛二（Nereid，納瑞德），它倆的軌道都很奇怪，納瑞德繞行在一個極端狹長的大橢圓軌道上，而崔頓更奇妙，它根本在逆向公轉，運行的方向和其他太陽系天體公轉的方式都相反！這兩顆衛星的反常表現，使前人相信，海王星的周邊環境在太陽系早年的確受過劇烈的擾動，也因此間接地支持冥王星是來自海王星周邊的說法。

但是近年來天文學家對冥王星的起源有了一個全新的看法：冥王星可能是海王星軌道以外、萬千彗核聚集的「古柏帶」③中最大的一顆罷了！果眞如此，那麼冥王星本質上不過是一顆彗核或小行星而已，但在占星術上卻扮演重要的角色，這的確有點說不過去。④

再來的問題是，這些天體對人類性格、命運的「影響」，是靠什麼東西來傳遞？若是已知力的話，就是我們知道的電磁力、重力、強作用力和弱作用力，但強作用力和弱作用力是沒有辦法擴及遠距離的，只有重力和電磁力才能達到；如果靠的是已知力的話，天體的重力和重力產生的潮汐力無疑會扮演很重要的角色。但天體的潮汐力和重力對初生嬰兒的影響極其微弱，舉例來說，接生的婦產科醫生對嬰兒的重力影響是火星的幾十倍，至於受距離影響更厲害的潮汐力，則更差上幾千萬倍。因此，若以已知力的形式來看，初生嬰兒周遭的人們及物體對嬰兒的影響，遠超過遙遠空間中的行星。

若說到與距離無關，則不止太陽系的行星而已，整個銀河系有兩千億顆恆星，其中伴隨有行星的恆星無以數計，更不用說以目前觀測到的宇宙星系分布，讓我們推知宇宙中至少存有五百億到一千億個星系，每個星系裡又有約千億顆星體，然而它們的影響在占星術裡卻毫無重要性，也是另一不解之處。

心理因素作祟

了解自己的性格甚至潛在的意識是很迷人的，這便是爲什麼老老少少都對占星術趨之若鶩了。但是，假使一個人熱情如火、或冷若冰霜是因爲他出生在某一個月份的結果，那麼就像我之前所提到的，全球六十億人口就可以簡簡單單分成十二種個性了。

另外還有一種比較傾向心理學層面的解釋，說明人們之所以認同星座其實是一種「正面加乘」的效應。好比說有一個人是獅子座的，而獅子座在星座上的解釋是果敢、積極進取，那麼當他碰到困難時就會告訴自己「我是獅子座的，我應該積極進取」，如此這個星座的特質就變成他潛意識裡的暗示。曾有心理學家調查過這種效應，發現一旦這樣的獅子座老兄眞的積極進取、不巧又成功了，他便會更加相信自己具備獅子座的特質，但這樣的過程其實屬於心理治療的層面，跟星座本身沒有太大的關係。

剛剛的例子很像到賭場裡觀察吃角子老虎，我們發現耳朵聽到的都是吃角子老虎吐硬幣的聲音，匡啷匡啷的。但問題是，如果賭場裡有兩、三百台吃角子老虎，而其中只有五台、十台有硬幣往下掉，結果吐錢的機器聲音很響，被吃錢的機器不會發出任何聲音，這就有誤導作用，因爲你只聽見賭客贏錢！爲了公平起見，我覺得每台吃角子老虎都應該加裝一個蜂鳴器，只要一輸錢就會發出「嗚嗚」

的聲響，但這樣的話根本就不會有人去賭了，因此「正面加乘」只是一種潛意識上的暗示，人常會受到這樣的暗示而不自知。

披著科學外衣虛張聲勢

前面提到了運勢預測，大家一定都聽過「每日運勢」吧，我覺得這更好笑了。我在通識課裡講「從占星術到天文學」，其中有一項課後作業是要學生寫出從小到大自己所接觸或聽聞過的超自然現象，結果交回來的作業中有一半是寫鬼故事或靈異事件，害得我改完作業都睡不著覺。但其中有一位學生寫得很有意思，她說以前覺得占星術很好玩，會花時間去看、去了解，後來她的一位同學暑假去打工，工作竟然是到所謂的星座網站去寫每個星座的每日運勢！我這個可愛的學生心想，我的天哪，我們每天深信不疑的星座運勢，原來竟是這些part-time工讀生坐在那裡給掰出來的，讓她完全喪失了對星座原有的一絲熱情與信心。

至於所謂的火象星座、水象星座等，本身就是拿一些科學名詞所變化出的一大堆職業術語，讓別人因爲聽不懂而產生敬畏之心。以前在美國念書的時候，我曾看過一個脫口秀節目，其中製作單位請來的一位女性占星學家說「宇宙最後會毀滅在一個大黑洞裡」，現場觀眾聽得如癡如狂，當時我就在想，自己的博士論文研究的是黑洞，我怎麼不知道有這樣的事兒！這些把磁場、黑洞、能量等科學名詞做為裝飾的外衣、聽起來比較有深度的言論，一旦面臨檢驗，把這些裝飾性的科學名詞抽掉的話，這些話根本就是鬼扯！科學名詞都有一定的嚴格涵義，亂用的結果便成了你隨口一句磁場共振、他脫口而出黑洞能量的，實在讓人哭笑不得。

我的本意並不是要一竿子打翻所有未知的事物，也不是完全否定這些超自然現象、認為它們都是鬼扯，因為科學發展仍有局限，我們對許多領域的所知也有限，所以重要的是要保持寬廣的視野。可惜的是，已經可以用物理和實驗解釋的現象，有些人卻是什麼也看不見，硬是要相信一些怪力亂神的「理論」。

今日的科學，明日的迷信

在過去數十年間，有許多科學家花了不少工夫對占星術的預測做統計上的分析研究，結果發現在許多次試驗中，占星術預測成功的機率和隨意猜測的機率根本差不多，也因此就科學角度來看，占星術終究只能以僞科學的形式存在。

儘管我們現在把占星術和星座命理當做匪夷所思的僞科學，但我們不可一筆抹煞它對現代天文發展的貢獻。早年先民爲占星所做的許多觀測（尤其是對行星位置的觀測），使得一部分對追求眞理有興趣的人從這些現象的背後慢慢找出天體運行的道理來，促成今天從歐洲萌芽的現代天文學的發展，因此占星術對現代天文學的發展確實提供了一定程度的幫助。

然而，如果時代到了二十一世紀，仍然相信太陽走到哪一個背景星座，會對那個時候出生的人有什麼樣的影響，實在不可思議，更何況因爲地球歲差⑤的關係，三千年前的巴比倫人所看到的太陽星座位置，和現在根本差了一個星座！但這不是重點，因爲研究星座命理的人會說「那我們把它調整一個星座不就得了」，然而這樣並不能解決占星術相對於科學矛盾的根本問題，我們仍要知曉「科學」和「迷信」的分野究竟在何處。

人類文明至此，尚有很多現象是我們所不知道的，可是如果能從一個宏觀的角度來看科學發展的過程，我們會發現像日食、月食、流星雨、彗星這些特殊天象，以前曾經給地上的先民帶來多大的困擾、驚恐和畏懼，但現在日食、月食、流星雨都已經成爲天象美景，能夠按照科學家推測的時間準確地發生，日食和月食預測準確的程度甚至可以用來對時。原來以爲天地驟轉的變態，到了現代已經變成我們可以帶著喜悅心情去欣賞的常態，這個常態成爲了驗證日月星辰運行規律的天象。

正是因爲科學的發展，讓我們認識了更多的道理，許多現象就變成了我們所能領悟和掌握的，不再令我們害怕。同樣的，今日我們所見的一些令人驚悚畏懼的「超自然」景象，很可能只礙於我們所知有限而無法合理解釋，但隨著科學的發展，很多今日看起來不可解的現象，往後或許會逐漸變得簡單明瞭。今日我們回過頭去看那些曾經被日食和月食嚇壞的先民，覺得他們可笑，但或許往後我們的子孫回頭看我們喜歡占星、崇尚幽浮與外星人的種種「事蹟」時，會笑我們是傻瓜呢！一旦了解這個道理後，很多事情就無需多費唇舌了。

【注釋】

① 赫歇爾（William Herschel, 1738-1822）；亞當斯（John Couch Adams, 1819-1892）；萊威利埃（Urbain-Jean-Joseph Le Verrier, 1811-1877）；湯博（Clyde William Tombaugh, 1906-1997）。

② 軌道偏心率（eccentricity），橢圓軌道伸長的量度，乃橢圓兩焦點的距離除以長軸長度。

③ 古柏帶（Kuiper Belt）是指在太陽系海王星以外的太空深處，可能含有大量太陽系形成初期殘餘下來的固態物質，這片由彗核所組成的帶狀結構，目前稱爲古柏帶。

④ 後記：自一九九五年來，古柏帶天體一一現蹤，於是科學家普遍認爲冥王星只不過是一顆比較大的古柏帶天體。二〇〇六年上半年，天文學家使用哈柏太空望遠鏡仔細觀察了另一顆三年前發現的古柏帶天體2003 UB313，發現這顆天體的直徑約爲兩千六百公里，比冥王星的兩千三百公里大得多，因此冥王星的行星地位岌岌可危。同年八月，在捷克布拉格召開的國際天文聯合會（IAU）中，與會的天文學家終於投票表決，將冥王星的地位自行星層級移除，降格成爲矮行星（dwarf planet）。UB313這個天體的國際命名爲Eris，是希臘神話中的「紛擾女神」，中文名稱則在二〇〇

七年海峽兩岸天文學名詞會議中被訂爲「閱神星」。

⑤ 歲差（precessoin），即進動，陀螺之類的旋轉物體，其自轉軸的方向發生的緩慢週期變化。

第 三 章

太陽系大使

NASA的公關部門不是只有幫NASA化妝美容而已，
他們不會花大錢拍廣告、上電視，
而是把教育推廣當做公關手段，以此塑造形象，
使得民眾變成航太總署的一份子，
產生一種歸屬感。

我想和讀者談談國外所推行的與教育、推廣科學有關的天文活動，其中由NASA噴射推進實驗室（NASA Jet Propulsion Laboratory, JPL）所舉辦的「太陽系大使」，以及海軍研究實驗室（Naval Research Laboratory, NRL）策劃的一系列「星輝計畫」，就是兩項很有創意的活動。我們先來談談「太陽系大使」這個極富教育意義的點子。

門外漢變小老師

雖是掛上大使的名銜，但這些「太陽系大使」（Solar System Ambassador）並不是代表地球、親赴太陽系各行星做親善訪問的，而是接受噴射推進實驗室的短期訓練，所培訓出的一批志願者，擔任天文教育及推廣的責任。這一批志願者不一定都具備理工背景，也不限定要讀過天文研究所的碩博士班，而是由美國五十州（包括波多黎各）選出來的各行各業、對太空和天文發展有興趣的人共同參與。這些人有來自明尼蘇達州的律師、德州的體操教練，還有加州的呼吸治療師、喬治亞州的海洋技術士等。像這樣針對一般民眾的教育推廣，不比我們國內特別對中學地球科學教師所做的訓練，地科老師對於基礎的天文知識有一定的認識；「太陽系大使」的活動則是打破行業限制，讓各州的代表能在接受各式簡單但完整的天文課題的訓練後，回到自己的崗位，擔任傳播天文新知的重要任務，往社會各層面扎根，儼然是由NASA發派去各州的駐地大使。

爲何稱做「太陽系大使」呢？這是因爲NASA噴射推進實驗室所負責的，多半是太陽系裡的行星探索任務，無論是往內的水星、金星，或是往外的火星、木星、土星，這些行星任務都是由JPL所操控的。我曾經參觀過JPL的任務控制中心，一進去便通往二樓，從二樓往下看，就好像看到好萊塢電影裡出現的畫面，放眼就是一座大規模的航太總署任務控制中心，裡頭有大型螢幕，顯示太空船的軌道，主要的工作就是在管制各種行星探索任務。他們所獲得的新知，大多來自太陽系，因此JPL也就把自己在教育上定位爲「對志願推廣天文教育人士給予太陽系新知與探索計畫的訓練」的組織。

而「太陽系大使」由JPL策劃的好處是，他們本身就是第一手資料的來源，因此在訓練準大使的過程中，可以提供給他們教學與活動的教材，而學員們也知道，自己在取經回鄉後，便要著手推廣天文教育，所以也會積極吸取最新的知識與教材。

這個「太陽系大使」計畫到二〇〇二年為止，已舉辦五年了，二〇〇二年是首次在全美五十州都有志願者成功遴選為大使的一年，總共有兩百七十八位。要成為「太陽系大使」，門檻並不高，每一位對天文太空有興趣的民眾，都可以申請，名額三百人，JPL會從所有申請者中審核資格相符的人，成為年度的大使。審核的條件是以申請者的經驗、背景，以及提出的計畫案做為考慮。申請者的經驗並不在於涉入天文或太空知識上的經驗，而是以往工作的經歷，由此來評論申請者是不是一位認眞負責的人，因為「太陽系大使」在受訓結束後，必須回到自己的家鄉推廣天文太空的活動，例如舉辦星空派對①、演講、當地社區展示等。申請者提出的計畫案也是馬虎不得的，必須描述他在未來大使任期內，能夠讓自己的社區得到什麼，又有哪些人、事是他可以推廣天文的對象。

「太陽系大使」辦活動的成效非常可觀，以二〇〇一年為例，美國四十八州裡的兩百零六位大使，總共組織了超過九百六十場活動，若包含透過傳媒來學習的人，估計影響的人數有兩百五十萬人之多。仔細分析一下，每一位大使一年裡平均只要辦上五場活動，每次來個一兩百人，實際參與的人就有幾十萬人，這樣的成效不可謂不彰了。

像這樣的「太陽系大使」計畫，並不會與原有的天文教育機構產生衝突，反而是相輔相成的。像在台灣各縣市，都分布有自己的天文協會，由一些天文愛好者或業餘喜歡觀星的民眾組成，他們不時也會舉辦活動，互相交流，只是若有像JPL這樣隸屬政府的頂尖學術機構推波助瀾，便能使這些大使的天文知識更具有「可信度」，而且不斷會有第一手的科學新知提供給民眾，一旦「太陽系大使」把正確的觀念與資訊融會貫通後，知識傳遞才不致產生謬誤。

與社區、民眾結合

近年來台灣的社區意識逐漸提高，因此對於像「太陽系大使」這樣的計畫，是很適合在台灣實施的。像我住的社區裡，就有一群非常熱心的鄰居加入社區管理委員會，常常在逢年過節的時候舉辦一些慶祝活動，藉此連絡情誼。有一回我就應這個委員會之請，帶領社區裡的大小朋友到中央大學觀星、看月亮，參加的人不少，大多是父母攜著小孩子一道來的，因爲現在的父母都知道，像這樣能讓孩子接近自然與學習科學的機會，是很難得的，所以不但鼓勵小孩參加，父母也很有意願陪同。

我覺得我在這個社區觀星的活動裡，扮演的角色就很像是「太陽系大使」，把我在專業上的知識與經驗，與一般民眾分享，而不只限於教室裡的學生。所以我有很深刻的感受，「太陽系大使」的計畫，應該也可以在台灣播種，只不過得先克服經費的問題。我相信JPL的「太陽系大使」計畫可能接受NASA的經費支援，因爲替準大使授課的，都是JPL的專業天文、太空科學家與技術人員，而日後提供的教材、舉辦活動的花費，必定也有部分是源自於JPL或NASA。

滿載一船星輝

另一個令我印象深刻的天文教育活動，則是眞眞實實地與NASA太空任務相關，它不僅結合了尖端研究與教育，更是一個超低成本、影響遍及全球的成功案例。

二〇〇一年九月二十九號，NASA發射了一具裝載衛星的小火箭，然而這顆衛星的目的，不像一般人所期望的，留在軌道上愈久愈好；它唯一的任務，就是「自然而然向地面掉落」，最後燒毀在大氣層中，也就是說，科學家希望能夠觀測並記錄衛星掉落及毀損的過程，好研究衛星經過位置的大氣密度。

這顆衛星叫做星輝三號（STARSHINE 3②），之前的星輝一號已經在二〇〇〇年二月十八日墜毀在巴西外海的大西洋裡，結束了爲期八個月、繞地四千兩百一十二轉的運行。星輝二號在二〇〇一年十二月隨著奮進號太空梭（Endeavor）升空③，已經按照原先的估計，在二〇〇二年四月二十九日於大氣層中燒毀。

（請見彩圖5）

以星輝三號來說，這顆特殊衛星所運行的軌道離地面約四百七十公里，位在熱氣層（thermosphere）中，正在所謂低軌道的範圍內（高度約三百到七百公里），與許多重要的太空站和天文衛星（包括商業衛星）所在的位置相當，就連國際太空站（ISS, International Space Station）、哈柏太空望遠鏡、與NASA三不五時發射的太空梭，都在離地面五百到六百公里高度的軌道上環繞。因此，了解低軌道環境的大氣層密度，對太空船壽命的研究有很大的幫助，使得科學家較能掌握衛星失去能量、毀損的速度，以及多久需要提升衛星的高度等。

儘管熱氣層的大氣已經稀薄到近乎眞空，約是海平面空氣密度的10^{12}之一，但對於衛星來說仍是「濃稠」到能削弱衛星的軌道能量（orbital energy），這是肇因於空氣動力阻力（aerodynamic drag）的效應，所以星輝衛星的軌道會逐漸向下墜落，而愈往下墜衛星就會進入愈濃稠的大氣層，這就是所謂的軌道衰減（orbit decay，見圖九）。以星輝三號來說，它每秒鐘自轉五度，每九十分鐘繞地一轉的同時，高度會向下掉落幾公尺，預計在升空三年後④星輝三號便會燒毀於平流層中；這樣的軌道衰減也發生在所有的衛星和太空站上，如果不是靠定期的軌道提升（orbit boost）來維持高度的話，國際太空站的命運便會和星輝三號一樣，墜落並燒毀於大氣中。

NASA選擇在這兩年展開星輝系列計畫，其實還有很深的意義，那就是二

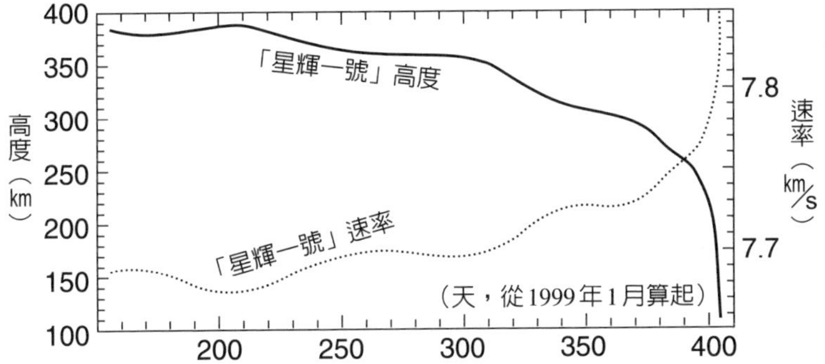

圖九　「星輝一號」的軌道衰減變化圖。

○○○和二○○一這兩年是太陽活動的極大期。我們常說太陽一打噴嚏，地球就感冒，這是因爲地球表面大氣密度的分布，與太陽表面活動（像是黑子）有密切關連的緣故。在二○○○到二○○一年間，太陽黑子的活動非常劇烈，接近太陽黑子十一年循環的高峰，發射出來的極紫外線（extreme ultraviolet, EUV）輻射和宇宙射線也會增加，一旦地球受到極紫外線的加熱，熱氣層會向外膨脹，便會加速縮短太空船和衛星的壽命。因此，在太陽活動達到高峰時實行這樣的計畫，分外有意義。

迪斯可球

星輝三號有一個很可愛的別稱，負責發射的NASA管它叫「太空裡的迪斯可球」（A Disco Ball in Space），因爲它就像迪斯可舞廳中央所懸掛的玻璃球！（見圖十、圖十一）。這顆球的表面黏附了一千五百面小鏡子，重量達九十一公斤，直徑有一公尺寬，比星輝一號和二號的三十九公斤、四十八公分直徑的球還要大，能使赤道兩旁、南北緯七十度範圍內的觀測者，直接用肉眼觀測星輝三號的移動路徑。星輝三號的表面附帶有三十一個雷射全反射鏡（laser retroreflector），以及電池系統、無線遙測傳輸器、命令接收器、天線陣列等裝置，能讓地面的科學家接受訊息，好用來計算衛星的軌道參數（orbital element）。

這個計畫之所以是個極有意義的教育活動，是因爲它結合了科學研究者、老師和學生這三個社會層級。這些「迪斯可球」表面的一千五百面鏡子，是由全球三十個國家的四萬名小學生磨出來的，不但如此，這四萬名小朋友的名字也都被星輝三號帶到四百七十公里外的軌道上，讓每位小朋友的貢獻「發揚光大」。由

圖十　「星輝計畫」的主持人摩爾博士手裡捧著的是「星輝一號」與「星輝二號」衛星的實體模型。右圖顯示由單一塊鏡片所反射的太陽光。（Courtesy of NRL. Photographed by Kerry Kirkland）

圖十一　一位機械工程師正在美國海軍研究實驗室裡檢查「星輝三號」。（Courtesy of NRL. Photographed by Michael A. Savell and Gayle R. Fullerton）

於這顆星輝三號的「迪斯可球」表面貼了很多有些許間隔的鏡子，又會自轉，所以當太陽光照射到它時，會發出一閃一閃的光芒，非常耀眼而鮮明，這個計畫的主持人摩爾（Gil Moore）如是說：「當星輝三號通過我們頭頂上方時，看起來應該有一等星⑤那麼亮！」

也許我們會擔心，到底幾年之後的哪一時刻，這顆閃亮的「迪斯可球」會從高空中殞落？重達九十一公斤的大球掉下來，會不會對地面造成影響？這些安全上的顧慮NRL早就想到了。除了幾枚不鏽鋼螺絲釘，整個「迪斯可球」都是由極輕的鋁製成的（包括鏡子），鋁不僅便宜，在衛星快速墜落俯衝的過程中，鋁會在接近地面八十公里的高空之前，在炙熱高溫裡燒毀殆盡，在它殞落的那一剎那，「將非常壯觀，若發生在黑夜，這顆眩目火球所發散出來的亮光，將會照亮當地的夜空，亮度足以讓底下的人們讀出報紙上的字！」摩爾補充說道。

磨鏡子的任務並不需要高深的技術，因此不但能使發射計畫的主持機構——海軍研究實驗室減低了製作成本，還讓全世界四萬多名學生有實至名歸的成就感，使他們親手磨亮的鏡子通過自家上方的天空，這樣充分的參與感會使他們更加支持這項計畫。除了小學生挽起袖子磨鏡子之外，NRL還在網路上號召夥伴，因為他們每天需要記錄八百個位置，來追蹤星輝三號明確的行經路線，所以全球任何一個國家的大小朋友都可以透過網路，主動上網報名，輸入自己城市的經緯度、觀測到星輝三號的時間、及看到「迪斯可球」的仰角，輕而易舉地幫助NRL監控星輝三號的實況運行。

星輝系列計畫的下一步，是目前正在籌備中的星輝四號，預計在二〇〇三年發射升空。更有趣的是，星輝四號裡頭裝了一顆子衛星（subsatellite），正是星輝五號，計畫要在星輝四號抵達軌道後一分鐘，從它的肚子裡發射出來，進入自己的軌道。比較星輝四號和五號相對的軌道衰減率，有助於導出更精確的大氣密度。⑥

低成本、大宣傳

我一直認為，全民共同參與科學發展，是一個國家的基礎科學和尖端科技能否成功發展的關鍵，需要有全民的參與，才能得到全民的支持。事實上，我們的國科會近年來也做了許多事情，像是自然處、科教處、工程處、人文處，還有國合處，辦理國際合作計畫、鼓勵學校老師或中研院研究員做研究，其實花了很多經費與精力，然而正因爲沒有清楚而有條理地把這些研究轉換成爲通俗的語言，發布給大眾知道，才使一般民眾不了解國科會究竟在做些什麼，甚至連立法委員也三不五時地指責國科會沒在做事。倘若國科會也能設計這種讓全民親身參與的科學計畫，情況就會大爲改觀了。

NASA的公關部門不是只有幫NASA化妝美容而已，他們不會花大錢拍廣告、上電視，而是把教育推廣當做公關手段，以此塑造形象，使得民眾變成航太總署的一份子，產生一種歸屬感。不論是小學生或一般社會人士，透過這樣的教育訓練，會對NASA產生一種自家人的感覺，並逐漸關心、支持NASA所進行的計畫。對有些青少年而言，參與這類活動，甚至會影響了他們的生涯規劃，爲未來提供另一條可行的道路，這就是所謂的「向外拓展」（outreach）。

【注釋】

①星空派對（star party），或稱爲「星空饗宴」，多半是由一群天文愛好者，準備幾具天文望遠鏡和相關資料，在觀測條件不錯的地方，選個天氣狀況良好的夜晚，舉辦活動，提供大家互動的機會。後記：近年來台灣的星空饗宴活動日趨活躍，其中最大規模的聚會多半在秋冬之交的十一月中旬至十二月初進行，地點常選在合歡山。最近一次的星空饗宴活動是在二〇一〇年十二月四日的週末，地點在合歡山上的翠峰，據聞參加的人數將近兩千人，規模盛大。

②星輝系列衛星的全名是「由學生追蹤的大氣研究衛星進行啓發性的全球網絡實驗」（The Student Tracked Atmospheric Research Satellite for Heuristic International Networking Experiment.）

③有些太空任務的編號與執行的順序並不一致（或許是因爲星輝二號與一號大小相同，繞行的高度也相當的緣故吧！它們的軌道高度分別是三百八十七公里與三百七十公里），像從前的航海家一號和航海家二號，一號後發射、先抵達目的地，二號則是先發射、後抵達，因爲它們的運行軌道並不相同。

④因爲接近太陽黑子十一年循環的高峰，星輝三號墜毀的時間已修正爲升空三年後，預計二〇〇三年十二月墜毀。後記：星輝三號最後提早在二〇〇三年一月二十一日墜毀。

⑤關於星等的解釋，請參見第十一章〈生化電子眼〉注釋②。

⑥後記：可惜的是，星輝四號／五號還沒有升空就宣告失敗了。礙於NASA經費與太空梭發射的時程安排，星輝四號／五號計畫被其他更重要的研究取代，把它們從原先的發射名單中擠掉，整個計畫也就暫時停擺了。

第四章

發現計畫

「發現，
是你看到了大家都看到的現象，
卻想到了別人想不到的道理。」

「發現，是你看到了大家都看到的現象，卻想到了別人想不到的道理。」

在太空探索中，「發現」是絕無止境的，因爲有這樣的體會，美國航太總署的一個長期計畫，便以「發現」（Discovery）爲名。這個計畫行之有年，裡頭包含了一系列小型、費用便宜、科學課題卻非常鮮明的衛星任務，又因爲它們的任務很單純，規模又小，所以可以在短時間做出結果，公諸天下。

跟NASA以前的大型計畫相比，這些小型任務有效率得多，而NASA也逐漸調整了探索太空的心態與進程。登陸月球是一個耗資億萬與無數人力資源的計畫，可想而知，它對其他的相關科技必定會產生排擠作用。登月計畫結束之後，NASA便要尋找另一個可以支持它生存的計畫，於是目標就轉移到太空梭身上，花了很多經費來研發太空梭。相比之下，發射太空梭的計畫相當成功，因爲太空梭能把很多沈重的、火箭發射不上去的衛星送到地球軌道去，並設計了許多能夠在地球四周、微重力環境之下所做的實驗。然而太空梭已幾乎完成了階段性任務，NASA目前正在招標，目的是設計出新一代的可載人太空飛行用具。

快、好、省

正如同「發現」計畫的願景——履行快、好、省（Faster, Better, Cheaper）的太空任務，每一個發射計畫限定的經費上限是美金三億元左右，這對NASA而言是很精簡的（如果和造價動輒數十億美金的太空梭相比的話），因此NASA每年可以把十幾億的經費，對數個衛星任務做周詳的分配，同時進行。從一九九六年到目前爲止，「發現」計畫一共有八個「發現任務」，包括「接近」、「火星拓荒者」、「月球探勘者」三個已成功完成的任務，「星塵」、「創生」與「彗核旅程」三艘太空船目前正在星際闖蕩，以及「信使」與「深度撞擊」等任務即將展開，另有兩項最新選入「發現」的未來任務，「刻卜勒」與「黎明」①。

我們在這兒簡單介紹這些過去、目前與未來的「發現」任務的內容，幾個較有意義且有趣的任務，我會多所著墨。

「接近」太空船是在一九九六年二月十七日發射升空的。這艘太空船後來被NASA改名爲「舒梅克」（Shoemaker）太空船，以表彰發現「舒－李九號」彗星（Comet Shoemaker-Levy 9）的科學家舒梅克（Eugene M. Shoemaker, 1928-1997），在行星科學與彗星研究上所做的貢獻。舒梅克原是阿波羅計畫的太空人，但就在他即將登月之前，檢查出他罹患了心臟病，因此與登月任務失之交臂。但他轉而在彗星隕石及行星地質上深入研究，並協助NASA進行太空人模擬登月地形訓練，深獲同行敬重。

這艘太空船在任務結束前發生了一段插曲。舒梅克太空船原是爲了研究近地小行星中最大的一個——愛神（Eros，見圖十二）而設計的，愛神

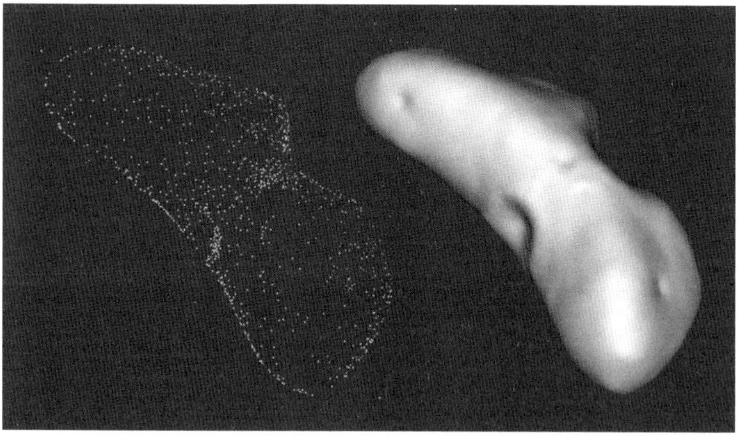

圖十二　小行星愛神。圖左為科學家做形狀模擬的數位模型。（Courtesy of NASA/JPL/Caltech）

圖十三　NEAR舒梅克太空船所拍攝的最後一幀照片。拍攝的距離為700公尺，影像的實際寬度為33公尺。（Courtesy of NASA/JPL/Caltech）

的軌道與地球軌道有交會，因此愛神與地球相撞的可能性引起了天文學家的注意。舒梅克太空船原來的設計是用來繞著愛神轉，並探測它的基本性質如質量、地質環境、重力等。就在二〇〇一年二月，舒梅克太空船探測愛神的任務結束後，NASA科學家突發奇想，希望能把舒梅克降落在愛神小行星表面。令人驚嘆的是，這艘太空船當初根本沒設計任何降落的設施，沒想到舒梅克號不但平安降落，還順利著陸，變成了第一艘登陸小行星的太空船（見圖十三）。我猜想後來設計眞正要登陸小行星太空船的人一定很不高興，因爲這個第一名的光環，已經被一艘原來設計爲他用的太空船捷足先登了。

另一個已經完成的任務是火星拓荒者號。一九九七年拓荒者號飛行到了火星，直接丟出一個用氣囊包裹的觀測站到火星表面，氣囊跳了幾跳，滾了幾滾之後，氣消了，露出了觀測站，裡頭跑出一部小車子，NASA稱它做逗留者號（Sojouner，見圖十四、圖十五）。這個低成本的任務，就是讓一輛六輪傳動的小車子在火星表面上跑來跑去，到處蒐集訊息，傳回地球。（參見彩圖6、彩圖7）

月球探勘者號是針對月球表面進行的探勘任務，目的之一是希望尋找月球上的水資源。在月球軌道上繞行許久，完成任務之後，月球探勘者號改變航向，對準月球的山谷深處、可能有水的地方，一頭猛然撞下，同時讓地面和太空的望遠鏡對準目標，希望撞擊的那一剎那，能夠把表面的土壤岩塊翻起來，一探月球表面下究竟有沒有水（見圖十六）。雖然這個相當激烈的手段所得到的結果仍是否

圖十四　火星拓荒者號在火星表面的觀測站。（Courtesy of NASA/JPL/Caltech）

圖十五　剛從觀測站上下來的逗留者號，正朝著被命名為「瑜珈熊」（Yogi）的岩石前進。（Courtesy of NASA/JPL/Caltech）

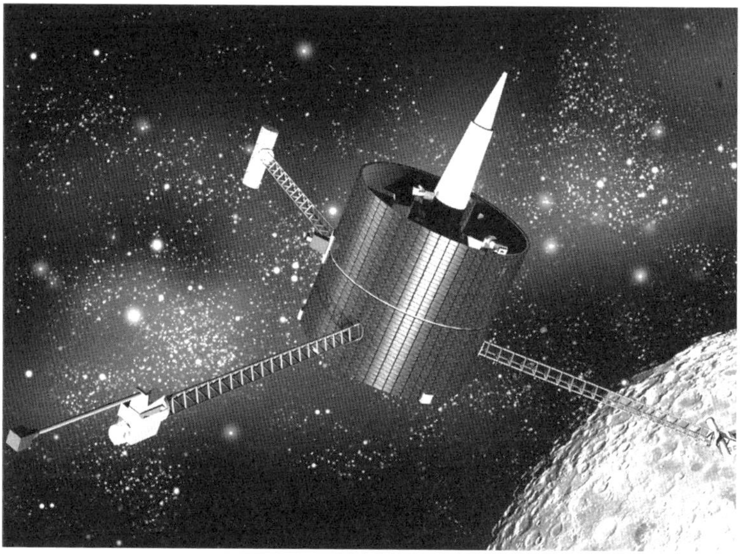

圖十六　月球探勘者號概念圖。（Courtesy of NASA/Ames Research Center）

定的，但值得一提的是，月球探勘者號攜帶了在一九九七年去世的行星科學家舒梅克的一部分骨灰，在撞擊的剎那灑上月球大地，為的就是要完成他未竟的心願——登陸月球。

星塵號和創生號目前仍在太空中執行任務。星塵號蒐集彗星的灰塵，而創生號蒐集的是太陽風②的粒子。這兩艘太空船現已開始蒐集資料（儘管星塵號目前還未抵達它的目標彗星），並將會把它們所蒐集到的物質帶回地球，提供實驗室進一步研究。

另一個以彗星爲目標的，是彗核旅程號，已在二〇〇二年七月發射，爲的是研究兩個不同的彗星在週期性繞行內太陽系③時，彗核的物理及化學變化，以及兩者彗核的組成物質及其差異。信使號正如同它的原名①，是用來探測水星的，將在二〇〇四年發射，二〇〇九年抵達水星軌道，期間會兩度航經金星。

首窺彗星内部

還有一個我們半開玩笑稱之爲「報復性任務」的，便是「深度撞擊」，它的名字恰巧和「彗星撞地球」這部電影的英文原名（Deep Impact）相同。以前我們老是怕彗星來撞地球，但這項任務恰巧相反。這艘太空船攜帶了一大塊銅塊，將要朝著彗星擲去，希望把彗星表面撞出一個大洞，形成一個「隕石坑」，好勘查它表面下未曾曝光的組成物質，因爲我們相信，它們可能是太陽系最原始的物質。

深度撞擊任務在二〇〇〇年一月已經通過，預計在二〇〇四年一月發射一枚火箭，攜帶一艘分離式的太空船，往坦普一號（Tempel 1）這顆倒楣的彗星飛

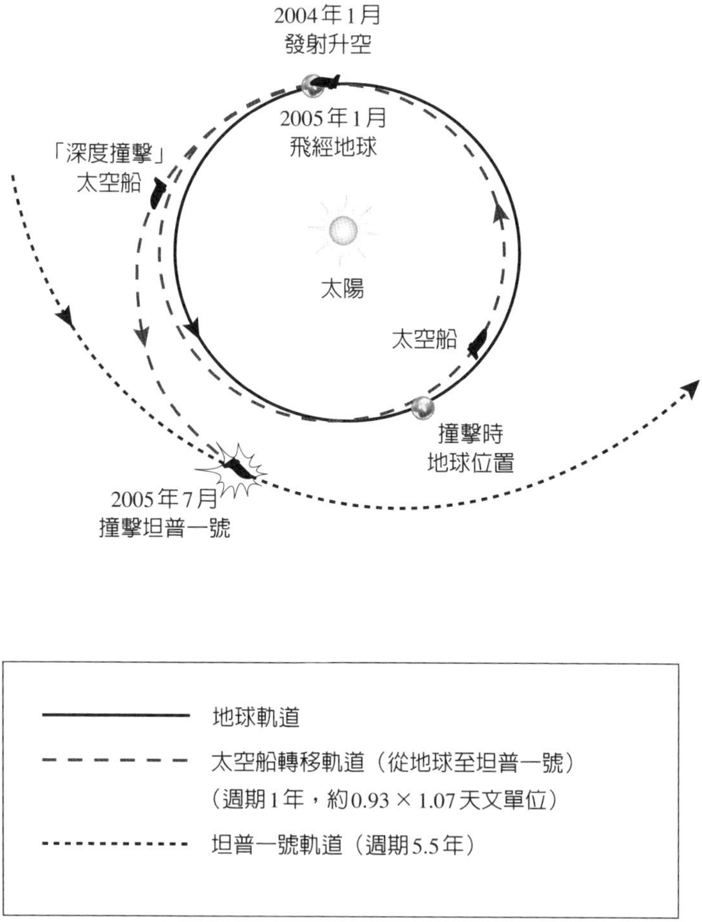

圖十七　「深度撞擊」太空船與Temple 1彗星的碰撞軌道路線圖。

去。過了一年半左右的旅程，這艘太空船距離坦普一號約八十八萬公里時，太空船會「分離」出另一艘小型的「撞擊物」（Impactor）太空船，以每小時三萬兩千公里的速率對準彗星撞去，撞擊的日期定在二〇〇五年七月四日，正好與這艘太空船在地球上的祖國齊放「煙火」，歡度國慶。這艘重達三百五十公斤的「撞擊物」是由電池驅動的，前頭是個大銅塊，後頭裝設有小火箭，可以讓「撞擊物」自行調整方向，並獨自飛行一天的時間。「撞擊物」太空船是很聰明的，在與母船分離後，它會接手航行操控的工作，依循彗星的軌跡，朝彗星面向太陽的那一面撞去，裝置在其上的攝影機會拍下它撞擊彗星前幾秒的畫面，並即時傳回地球。（參見圖十七與彩圖8）

而母船也不讓鬚眉，肩負有更神聖的任務。在釋出「撞擊物」的同時，改變航行方向，自動將攝影機、光譜儀等對準彗星，從旁觀測和記錄撞擊實況、自「隕石坑」噴射出的物質、以及「隕石坑」內部的結構和組成物。但這樣重要的任務必須在它有限的生命裡完成，因爲在撞擊彗星之後十五分鐘內，母船也會撞入彗星尾巴，彗尾裡頭的碎片、石塊、灰塵會把母船徹底粉碎，因此母船必須把握所剩無幾的十五分鐘壽命，將最珍貴的資料即時傳回地面。

彗星就像一顆顆濃縮的時光膠囊，包含有太陽系形成與演化的線索。利用光譜儀分析，我們已知彗星的表面是冰、氣體和灰塵，都是四十五億年前太陽系形成過程中最早、最冷的破片殘礫，而挖掘太陽系的形成物質，就必須深入彗星的內部。經過計算與設計，重達三百五十公斤的銅質「撞擊物」，將會把坦普一號撞出一個足球場大小、深及七層樓的隕石坑，冰與灰塵碎屑將會噴射出來，裸露出彗星表層下的組成物質。或許我們會問，爲什麼選擇銅做爲「撞擊物」的質材？這是因爲彗核的組成物質中沒有銅元素。當三百五十公斤的銅塊撞擊彗星時，高熱會把這整塊銅熔化掉，我們不希望在監測彗星受撞的過程中，把彗星的組成物質和外來物質相混淆。

這項任務之所以複雜艱鉅，是因爲受到彗星特性的影響。彗星是繞著太陽運行的，而彗核本身也會旋轉，但是它們不像一般行星的形狀是個球體，有些彗核的形狀像是馬鈴薯，旋轉的方式也不一而足。因此JPL的科學家必須審愼地選擇撞擊點，並且精密計算，保證「撞擊物」與彗星撞擊後，母船能夠持續觀察撞擊點，一分一秒記錄下十五分鐘的珍貴畫面，而不致使望遠鏡只照到一些無關痛癢的影像。

其實，在這任務實行前夕，NASA研究員才發現，深度撞擊的情節早在四十年前的科幻小說裡就出現了④。若有人把小說中的章節剪下、拿給不知情的人看，也不告訴他這是一九六八年科幻小說裡的章節的話，他一定會以爲這是來自「深度撞擊」任務的消息呢！⑤

提到「彗星撞地球」，我不禁想到童年發生的軼事。記得小時候第一回看月亮，當晚的天空很清澈、月亮又圓又大，我和哥哥把我父親那具很舊的軍用雙筒望遠鏡拿出來，對著月亮看，但因爲人小力量不夠，握著大望遠鏡時手會顫抖，我們便拖了兩張凳子，把望遠鏡架了起來，儼然成了一座原始天文台。透過望遠鏡，我們第一次清清楚楚看見了月亮。記得我還把我大姊從屋裡喚出來，要她也看看月亮，只見我大姊一看後直呼「怎麼那麼難看！」害得她起雞皮疙瘩呢！原來望遠鏡中的月亮坑坑疤疤、布滿了隕石坑和火山口，不像我們平常用肉眼直視的月亮，那麼白皙乾淨、完美無瑕。既然月球的坑疤是受到了隕石或彗星的撞擊而產生的，我們推估地球也常常會被彗星撞擊才是，這便是前些年美國好萊塢常把這個題材拍成電影的緣故了，像是「彗星撞地球」和「世界末日」（Armageddon）等，都曾經是票房極佳的影片。

未來的任務

二〇〇二年，NASA又選定了兩個新的任務，一個是「黎明」，一個是「刻卜勒」，分別從二十六個計畫案中脫穎而出。黎明太空船預計在四年後的二〇〇六年發射，這樣的製作時間對太空科技的發展來說是很簡短的，想想看從構思、設計、製作到發射，要在三、四年內完成，非常不容易。黎明任務預計在二〇一五年結束，在這九年的任務期中，它會行經兩個小行星，一個是目前已知最大的小行星，叫做穀神星（Ceres），另一個是灶神星（Vesta），它們都位在火星與木星之間的小行星帶⑥中。黎明號會在這兩個小行星旁邊環繞，深度研究它們的特性，以探索我們太陽系的起源。我相信黎明任務在未來會非常受到大家的重視。

刻卜勒任務的名稱，取自於發現行星三大運動定律的天文數學家刻卜勒（Johannes Kepler, 1546-1601）。這個任務更有趣。過去的十幾年間，科學家一直努力找尋其他恆星旁是否有大的行星存在，到現在已經證明了至少有九十顆左右的恆星伴隨有大的行星，而科學家所依據的原理是作用力與反作用力；當行星繞著恆星轉，行星也會牽引恆星，會使恆星產生小幅左右擺動，因爲行星也是有質量的。因此科學家利用這個原理，尋找恆星週期擺動的現象，找到了九十顆伴隨有行星的恆星，但這是目前爲止的數目，未來必定還會增加。然而，這些行星大多都相當於幾個到十幾、二十個木星左右，根本不是生命可以「正常」發展的所在。⑦

木星是太陽系中最大的行星，直徑達十四萬公里，是地球的十一倍（地球直徑約一萬兩千八百公里），體積更是地球的一千四百倍左右，表面環境不比地球，而是瀰漫著氫、氦、氨、甲烷等元素，完全不適合人類這樣的生物生存。到目前爲止，我們主要以偵測週期擺動的現象來找尋行星，所找到的九十個行星多半都是比木星還要大的大行星，這是一個必然的結果，因爲實驗的方法會決定實驗的結果，我們用的週期擺動方法只適合用來搜尋大行星，不太可能找到小的行星；只有在大行星存在的情況下，週期擺動現象才會足夠明顯。我們當然可以假設，既然都已發現了許多大行星，應該也會有較小的類地行星存在吧，但若沒有親眼見到或缺乏具體證據偵測到太陽系外的類地行星，天文學家絕對是心有未甘的。

因此，刻卜勒任務終於得到允許，開始著手進行，而它所用的原理，在近兩年已經得到了肯定。一些已經知道存在有行星的恆星，它們的行星所運轉的軌道可能會經過地球與這些恆星之間，而擋掉一些來自恆星的光，所以若我們的望遠鏡精確度能高到百分之一，而行星夠大、擋住的光也超過了百分之一的話，我們便能夠用望遠鏡觀測到恆星的光芒有減弱再回復的現象，如此我們就可以確定有行星的存在。

刻卜勒衛星正是利用這個原理，只是它的精確度比地面望遠鏡更高，可以到達千分之一以內，能偵測極微小的恆星光度變化，試著去找尋恆星四周是否圍繞有等同地球大小的行星。一旦找到這樣的行星，或許就有機會發現外太空生命的足跡了。

天文中的數量級估計

對研究天文的人而言，數學是很重要的，除了基礎的數學觀念要有，最好能夠掌握好數量級的估計能力。（計算太空船或彗星軌道則另當別論，在錯綜複雜的計算過程中，一點點的不精確便會失之毫釐，差之千里！）像在比較行星大小這種問題上，若不用計算機也能做基本運算，在思考科學問題時便能很快地前進。有一則小故事，可以看出習慣於做數量級估計的好處。

記得十幾年前我在NASA工作的時候，有一位很聰明的同事，他是專門研究X射線的天文學家。有一回他被選任爲陪審團，這原是很奇怪的，因爲通常有博士或碩士學位的人不會被雙方律師接受爲陪審團員，因爲律師覺得教育程度較高的人比較不好騙吧。但不知怎麼的，我這位同事還是被指定擔任一項民事訴訟案件的陪審團員，是關於一間營造公司被控破壞民宅的案子，施工工地裡的水管破裂，把原告家裡淹得泥濘不堪，因此原告律師聲稱：「你看，這麼粗的水管、這麼快的水流，我的委託人家裡不到幾分鐘就變成了一座國際奧林匹克的標準泳池！」我那位同事聽到了這話，本著絕對的科學精神，在心裡頭算，以這根水管的直徑、水的流速，乘上時間，再與國際標準池深度比較，馬上就知道這位原告律師在唬人！

【注釋】

① 接近號（Near Earth Asteroid Rendezvous, NEAR）；火星拓荒者號（Mars Pathfinder）；月球探勘者號（Lunar Prospector）；星塵號（Stardust）；創生號（Genesis）、彗核旅程號（COmet Nucleus TOUR, CONTOUR）；信使號（MErcury Surface, Space ENvironment, GEochemistry, and Ranging, MESSENGER）；深度撞擊任務（Deep Impact）；黎明號（Dawn）；刻卜勒號（Kepler）。

後記：星塵號在二〇〇四年一月接近Wild 2衛星，成功捕捉了彗星的灰塵，它的樣品回收艙（Sample Return Capsule, SRC）也於二〇〇六年一月降落在美國猶他州的沙漠中。創生號於二〇〇四年四月收集完太陽風粒子，並在同年九月把樣品回收艙擲回地球。令人遺憾的是彗核旅程號，它在本書初版付梓不到一個星期的八月十四日，就因不明原因在太空中四分五裂，任務旋即宣告失敗。信使號在二〇〇四年八月發射，分別在二〇〇六、二〇〇七年航經金星，並在二〇〇八、二〇〇九年三度航經水星，它未來的目標任務是在二〇一〇年進入環繞水星的軌道。

② 太陽風（solar wind），是從太陽最外層大氣（日冕）中高溫、低密度區飛奔而出的電漿流，主要成分爲質子和電子，奔行速率每秒兩百至六百公里，掃掠範圍涵蓋整個太陽系的行星際空間。

③ 内太陽系（inner solar system），是指類地行星涵蓋的範圍，指最靠近太陽的四顆行星：水星、金星、地球、火星。它們比小行星帶更靠近太陽，又名內行星（inner planet）。

④ 這本小說即是英國科幻小說家克拉克（Arthur C. Clarke, 1917-）的《二〇〇一太空漫遊》（*2001: A Space Odyssey*）。其中在第十八章裡有這麼一段話：

這顆小行星以每秒鐘三十英里的高速經過他們之旁，他們只有慌亂的幾分鐘能做近距離的觀測。自動攝影機連續拍攝，導航雷達也不斷傳回訊息，而他們只有一次射出撞擊物的機會。

這個撞擊物並未攜帶任何儀器，因為沒有東西可以在這樣的高速撞擊之下存活。它只是一小塊金屬，由發現者號射出，沿著撞擊軌道攔截這個小行星。

……他們由數千英里的距離之外，瞄準一個直徑不過百英尺的天體……

在小行星黑暗一面的襯托之下，他們看到了一抹瞬間出現的明亮閃光……

⑤後記：深度撞擊任務於二〇〇五年一月十二日升空，接近彗星時釋出撞擊物，於同年七月四日準確地撞上坦普一號彗星，圓滿達成了原先設定的任務目標。

⑥小行星帶（asteroid belt），小行星爲直徑約一公里到一千公里、繞日運行的岩質天體，目前已發現超過四千顆。它們大多集中於木星與火星公轉軌道之間，其分布區域稱爲小行星帶。

⑦後記：經過多年來地面與太空各項計畫的努力搜尋，到二〇一〇年十二月中旬爲止，天文學家已經在四百二十一顆恆星旁邊發現了總共五百顆行星，但尚未發現任何類地行星。刻卜勒任務已於二〇〇七年九月順利發射升空，展開搜尋系外行星的任務。因爲搜尋方法較爲先進，所以科學家相信刻卜勒任務應可在數年之內發現類地行星。

第五章

哈柏太空望遠鏡

一系列歷經十年的到府服務，
讓哈柏太空望遠鏡始終保持在最佳狀態，
每天可傳送十到十五GB的資訊給全世界的天文學家，
讓我們隨時經由電腦網路下載最新的畫面。

太空天文的發展日新月異，但在這些發展與進程的背後，無不需要精密的儀器與充分的後援，才能讓科學家獲得最清晰的畫面和第一手的數據，以推創最新的理論。近十多年來，美國航空暨太空總署所建造的哈柏太空望遠鏡（Hubble Space Telescope），儘管在剛發射的前三年命運多舛，卻也拍攝了無數令人驚嘆的照片，成爲最受普羅大眾熟悉的太空望遠鏡①。

差之毫釐、失之千里

從一九七〇年代開始設計、規劃，經過多年的延宕，哈柏太空望遠鏡終於在一九九〇年四月順利發射，然而問題層出不窮，才發射升空就發現主鏡的曲率有微小誤差（鏡面外緣多磨平了約四微米），產生球面像差②、不能對焦的嚴重錯誤，以致於無法拍攝到清晰的影像。這樣差之毫釐、失之千里的錯誤，使得NASA在一九九〇到九三年之間，一直被別人當做笑柄，因爲一個耗費十五年時間、十五億美金的投資，竟然犯了一個最基本的錯誤，把收集星光的最主要反射鏡的曲率搞錯了！

為了彌補過錯，NASA的科學家想了個辦法使光重新聚焦。既然不能將主鏡取下來重新磨過，他們就想到在光通過主鏡之後、進入偵測儀器之前，加入一片調整透鏡，來自一個叫做COSTAR的儀器，使原本不能聚焦的光重新聚焦，這就是為什麼哈柏太空望遠鏡在一九九三年十二月第一次修復任務（Servicing Mission 1）之後，實際上等於戴了副近視眼鏡！（見彩圖9）

哈柏太空望遠鏡重達十一．五公噸，一般的火箭無法把這麼重的望遠鏡帶上軌道，所以當年設計時的構想是利用太空梭來搭載哈柏太空望遠鏡。然而太空梭本身也很沈重，要讓一艘很重的太空梭背著一具很重的望遠鏡，是很難飛到高軌道的，所以哈柏太空望遠鏡注定只能在小於六百公里的低軌道上運行。但是問題還沒解決，地球的大氣層對於五百七十公里低的望遠鏡來說，阻力太大了，足以產生致命的影響，因為空氣分子會不斷撞擊望遠鏡，減緩它的速率，使望遠鏡的軌道降低，且因軌道愈低，大氣的密度愈大，望遠鏡就會因摩擦生熱而燒毀在大氣層中。因此，為了要讓低軌道的哈柏太空望遠鏡維持十五到二十年的壽命，最初的設計就是每兩三年做一次軌道提升的例行工作。

軌道提升的工作仍需大費周章，因爲NASA得再次發射太空梭，讓它跑到哈柏望遠鏡後方，把望遠鏡抓住，放入太空梭，飛高一點，再把望遠鏡放出來。雖然這種軌道提升的辦法聽起來不怎麼聰明，但是可以藉著每兩三年一次的軌道提升，同時進行儀器抽換，順便將望遠鏡保養維修一下，可謂名副其實的到府（到軌道）售後服務！

第二、第三次到府服務

哈柏太空望遠鏡的第二次修復任務（Servicing Mission 2）是在一九九七年二月間進行的，與前一次相隔了三年多。這第二次任務大大提高了哈柏望遠鏡的「生產率」。爲了能獲得更清晰的成像與光譜，新裝置的儀器把望遠鏡的波長範圍加大到近紅外線（near infrared），使地面上的科學家能進一步窺探更遙遠的宇宙，獲得星系中心及恆星、行星形成過程的資訊。除了安裝近紅外線攝影機，一些失效或退化的零件，也在此次任務中汰舊換新，使哈柏望遠鏡的性能與效率大大提升。

早在哈柏太空望遠鏡的第三具陀螺儀③失效之後，NASA就決定將原計畫的第三次修復任務分成兩個階段（Servicing Mission 3A與Servicing Mission 3B），第一個階段的任務就可以提前出發。但在出發之前，六具陀螺儀中的第四具也失效了，哈柏望遠鏡被迫暫時閉上眼睛、停止凝視宇宙的工作，3A的修復任務遂加緊在一九九九年十一月進行，因爲若沒有三具陀螺儀同時運作，望遠鏡等於失去了功用。因此，哈柏望遠鏡進入了所謂「安全模式」的睡眠狀態，也就是暫時性的「休眠」了。

第一階段的「喚醒任務」（call-up）在一九九九年十二月成功完成，把哈柏太空望遠鏡修復得比從前更能勝任窺視宇宙的工作，不但更換了六具全新的陀螺儀，連主電腦、電力系統、導引感測器（guidance sensor）與絕緣體都一併更新。

相對運動

第四次的到府服務，也就是第三次修復任務的第二階段（即3B），一直到二

○○二年三月才展開，因爲這是剛剛才完成的任務，所以我想在這裡爲讀者多做些介紹。

這個階段任務是由哥倫比亞號（Columbia）太空梭搭載七名太空人來執行的，在十一天的修復工作日中，這七名太空人或任務科學家（mission specialist）各司其職，卻又像演奏交響樂一樣將各自的專長結合，在哈柏望遠鏡的周遭做了前後五次的太空漫步，一個一個地將老舊的儀器或零件更新。聽起來好像不難，但我們先簡單計算一下：哈柏望遠鏡在離地球表面約六百公里的低軌道上飛行，每九十分鐘繞地球一圈，若以地球半徑加上軌道半徑（約七千公里）爲望遠鏡的公轉半徑的話，它飛行一圈（約四萬兩千公里）的時速將近有三萬公里。在這麼快的速率之下，太空梭怎麼能抓住望遠鏡、並將它放在尾端而不掉下來呢？太空人又怎能「漫步」呢？難道不會被強大的離心力甩出去嗎？

答案就在「相對運動」的簡單道理中。哥倫比亞號太空梭發射後，先要費時兩天追上哈柏望遠鏡，但並不是猛然達到的，是不斷調整它的速率、躡手躡腳地接近，然後保持與望遠鏡相同的速率飛行。從NASA提供的影片可以看到，望遠鏡好像是靜止的，但其實望遠鏡、太空人甚至太空梭都是以相同的三萬公里時速在運動著，因此看起來彼此都是靜止的，就好像成龍在電影裡從一台疾駛的汽車跳到另一台疾駛汽車的感覺一樣。

古典力學實驗

現在我們再回到修復望遠鏡的工作上。哥倫比亞太空梭的功用並不是把望遠鏡抓進酬載艙（playload bay）內、好讓太空人在艙內進行維修工作的，而是要把望遠鏡擺到太空梭的機尾，把它直挺挺地立起來。至於如何把望遠鏡抓住，就需要遙臂〔Romote Manipulator System (RMS), robotic arm，見圖十八〕來「助一臂之力」了！遙臂其實是一具機械手臂，有十五公尺多這麼長，一截一截的結構可以使遙臂靈活伸展，但是這支遙臂在地球上卻無法順利伸展，它自己的重量會使遙臂本身斷裂，因爲地球上有重力。

當太空梭接近了哈柏望遠鏡時，遙臂會從後方伸向望遠鏡，插入扣環、把望遠鏡鎖住後，哈柏望遠鏡的操縱權就落到太空梭裡的任務科學家上了。像這樣用

圖十八　「遙臂裡的手臂」（arm in arm）。在以地球為背景的襯托下，這兩位太空人正在模擬在太空中搬運較大物體的動作。（Courtesy of NASA/JPL/Johnson Space Center）

遙臂抓住望遠鏡、把它安置在太空梭身上的動作，就像在打電動玩具，必須精準地操控，不能有一絲閃失。電影「阿波羅十三號」（Apollo 13）也曾演出這樣的畫面：登月小艇在返回軌道船時，就是靠精準控制，把登月小艇接合軌道船，然後把艙門打開，讓登月的太空人重新回到軌道船內，返回地球。

然而，哈柏太空望遠鏡的高度有三層樓這麼高，太空人是如何爬到計畫修復的定點的？他們距離地球六百公里，會不會有「懼高症」呢？（當整顆地球就在你腳底下時，眞不知道「懼高症」從何而來？）我沒有機會到太空漫步，無法給出一個確切的答案，但我相信，在太空發展的歷史上，第一位跨出太空船、在太空中漫步的太空人④，心情一定相當複雜，因爲儘管牛頓第一運動定律告訴我們，在沒有外力的情況下，靜者恆靜、動者恆動，但是若不親身體驗，怎麼知道人一跨出太空船不會向下墜落呢？當然，現在已經證實這個簡單的物理定律是對的，因爲實驗證明太空人一跨出太空船，會保持他原來在太空船內的速度、跟著太空船運行，並不會掉落在漆黑無邊的宇宙中。

另一個親身由太空人做實驗、證明古典力學所言屬實的例子，是伽利略在十七世紀提出的學說——眞空狀態下的自由落體，不論質量爲何，皆同時墜落地面。當阿波羅十五號（Apollo 15）的太空人站在月球上，左手拿一隻鎯頭、右手拿一根羽毛，同時鬆手讓鎯頭和羽毛一齊下落之際，若不是親眼見到這一輕一重的物體同時著陸，我們不會這麼輕易就相信伽利略在三百多年前所說的話，竟然是正確的！

其實這個原理不需要眞正實作，在腦中進行一個思考實驗（Gedanken experiment）即可了解：假設我們有一重一輕兩個鐵球，分別是十公斤和五公斤，並假設這兩個球在眞空中自由落下的速度眞的是十公斤快、五公斤慢。我們將兩球用繩子連在一起，放手讓它們下墜，十公斤的球想快但快不起來，因爲有五公斤的球在後面扯著；五公斤的球想慢也慢不下來，因爲有十公斤的球在前面拉著，因此這個合成系統的墜落速度應該介於十公斤球和五公斤球單獨下墜的速度之間。這時我們把繩子縮短，直到兩球相接，我們會發現這其實是一個十五公斤的球！十五公斤球的下墜速度怎麼可能小於十公斤的球？因此就產生了一個矛盾，原因是一開始的假設就是錯的！所以無論輕重，在眞空中大家下墜的速度是一樣的。

捲軸式太陽能板

話說回來，太空人要在三層樓高的哈柏望遠鏡上上下下做修復，靠的不是普通的梯子，而是剛剛我們提到的遙臂。遙臂的遠端有一個圓盤，可以讓太空人站在上面（見彩圖10），而底端則連接到許多儀器上，可以讓太空人將這些冰箱大小的儀器櫃較不費力地推到預定的位置，因爲這些儀器在太空中的重量幾乎是零。（重量是零，但質量仍然很大，所以太空人常說：**It's massive, but not heavy!**）在把新儀器推到預定位置後，太空人得把望遠鏡的艙門打開，把舊儀器拿出來換上新的，再用電鑽把螺絲一個個拴好。這個不起眼的裝置過程對地球上的人而言是小事一樁，但對進行操作的太空人來說，卻得先把自己固定住，才能鎖螺絲，不然電鑽一頭的螺絲文風不動，太空人卻會在原地打轉呢（見圖十九）！

這次3B任務更換的儀器，還包括太陽能板（solar array panel）。在第一次的修復任務（一九九三年十二月）中曾將最初的太陽能板換新，但到現在也已經供

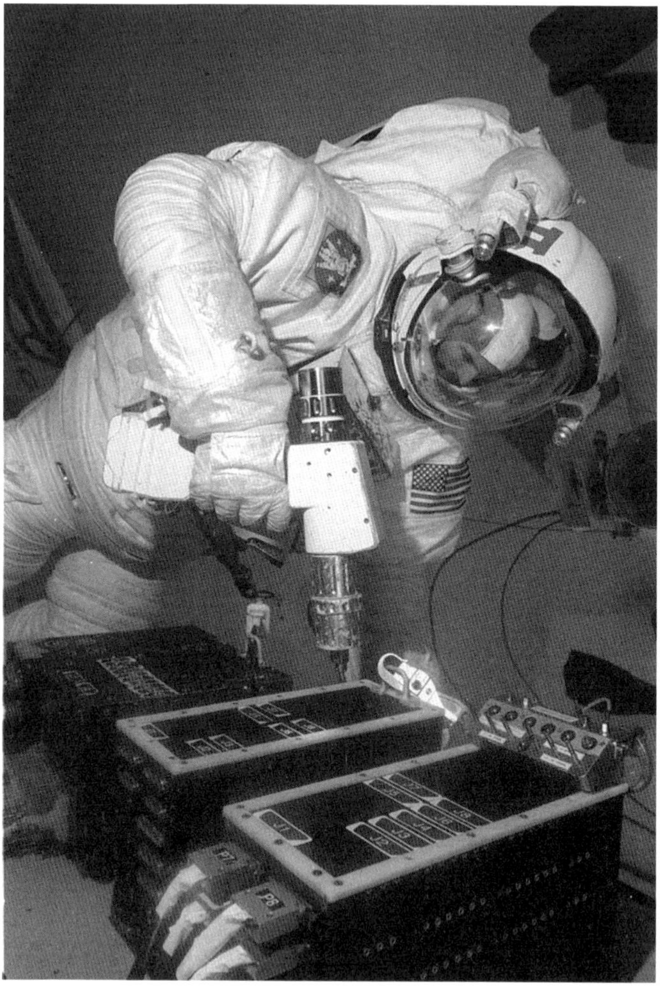

圖十九　一名太空人正在接受哈柏太空望遠鏡的鎖螺絲訓練。
（Courtesy of NASA）

應哈柏望遠鏡超過八年的電力了，而外來的輻射和碎屑會不斷降低光電效應的靈敏度。爲了確保其後望遠鏡能正常運作，這次的工作要更換兩側的可伸縮太陽能板。這種太陽能板與一般衛星使用的不同。衛星的太陽能板大多與我們平日架設在房屋頂上的

圖二十　哈柏太空望遠鏡兩側的太陽能板。
（Courtesy of NASA/STScI）

太陽能板一樣是堅硬的，上頭布滿一格格深藍色的太陽能電池，經過日光一照射，就可以產生電流，然後由電線把電導出來，就可以讓熱水器加熱。哈柏望遠鏡的太陽能板是有「彈性」的，可以像國畫一樣捲起來，伸縮自如，而這項功能最主要的目的是節省空間。（見圖二十與彩圖11、12）

一般所見的太空船或衛星都有兩片伸展開來的太陽能板，長得像是我們中國人以前戴的烏紗帽，當火箭或太空梭攜帶衛星升空時，太陽能板會向內收縮，貼附在衛星的周圍，等到進入了軌道，太陽能板才會打開。因此，太空船或衛星的太陽能板有些是三折面、有些是六角形設計，端視其主體的形狀而定。那麼，為何哈柏望遠鏡的太陽能板需要捲軸的設計呢？因為這艘巨大的太空船需要非常充足的電力來維持運作，因此非得裝載一、兩層樓高的巨大太陽板才足以負荷，但是這麼大的體積非常不利太空梭升空，所以是為了節省空間才設計出這種新式的「彈性」太陽能板。

太空垃圾

說到哈柏望遠鏡的太陽能板，就不免提到第一次修復任務製造「太空垃圾」的軼事。從一九九〇年哈柏望遠鏡發射至軌道開始，地面上的工程人員就發現，除了致命的對焦問題外，每當哈柏望遠鏡從太陽底下走到地球的陰影內、或從陰影區重見天日的時候，它就會抖動，也就是說，每在「日夜交替」之時，望遠鏡就會抖動。這個與「日夜交替」有密切關係的現象，讓人直接聯想到是太陽能板出了問題。一九九三年第一次的修復任務中，當太空梭逐漸接近望遠鏡時才發現，原來其中一面太陽能板一邊有著嚴重扭曲，所以每當「日出」與「日落」之際，兩邊太陽能板受到強烈陽光照射，會因受熱不均而抖動，連帶使整個哈柏望遠鏡也跟著震動。

損壞的太陽能板在第一次修復任務時就被更新了。儘管地面上設計太陽能板的工程師希望太空人能將扭曲的太陽能板帶回地球研究，但捲軸已無法順利收回裝進太空梭裡，這龐然大物也就注定了被遺棄的命運。不過，就連遺棄的過程也十分謹慎。肩負這遺棄任務的女太空人索頓（Kathryn C. Thorton）站在酬載艙的邊緣，在NASA地面控制中心的倒數聲中，五、四、三、二、一，緩緩地把太陽能板推了出去，製造了一個龐大的「太空垃圾」。幸好這個「太空垃圾」不會掉到地面上變成「地球垃圾」，因爲只要十幾個小時，這塊太陽能板就會燒毀在地球的大氣層中。

任重道遠

儘管已經進行過四次修復任務，讓哈柏望遠鏡持續保持最佳性能與擁有最尖端的科技，下一次的修復任務（Servicing Mission 4）仍在緊鑼密鼓地籌備中，太空人預計在二〇〇三年七月第五度造訪哈柏太空望遠鏡。屆時會以新的宇宙起源光譜儀（Cosmic Origins Spectrograph, COS）來取代服務十載的COSTAR，目的是要觀測紫外線波段，以研究初生的大質量恆星及類星體（quasi-stellar object）內發生的高能量活動，而這個紫外線波段也可以幫助我們了解星際介質（interstellar medium）的組成與特性。⑤

這一系列歷經十年的到府服務，讓哈柏太空望遠鏡始終保持在最佳狀態，每天可傳送十到十五GB的資訊給全世界的天文學家，讓我們能隨時經由電腦網路下載最新的畫面。從一六〇九年伽利略首次將他自製的望遠鏡轉向天際，到今日哈柏望遠鏡每分每秒把即時影像傳回地面，人類對宇宙的了解早已徹頭徹尾地改變；究竟在不遠的未來，還會有什麼跌破天文學家眼鏡的新發現，就要看哈柏望遠鏡在下一個十年中的表現了。

【注釋】

①NASA自八〇年代起，興建一系列四座「里程碑」式的大型太空望遠鏡，包含哈柏（HST，正於軌道運轉中）、康卜吞（CGRO，1991-2000）、錢德拉（CHANDRA，正於軌道運轉中），及尚未發射的太空紅外線望遠鏡（SIRTF）。後記：前文中第四項任務已更名爲史匹哲（Spitzer）太空紅外線望遠鏡，於二〇〇三年八月發射，目前正於軌道運轉中。

②球面像差（spherical aberration）指的是球面各處所反射的光線不會聚於同一焦點，因此觀測天體時影像模糊。拋物面鏡才能把入射的平行光反射至同一焦點。但哈柏望遠鏡的主

鏡既非球面，也不是拋物面，而是比較先進的 Ritchey- Chretien 光學面。

③ 陀螺儀（gyroscope），用於航空太空的導引系統，利用陀螺自轉會遵循固定方向的原理，來維持和轉換太空船的指向。

④ 人類的太空漫步由俄國人拔得頭籌，那是在一九六五年三月十八日，由「日出二號」（Voskhod 2）太空船上的列昂諾夫（Aleksey Leonov）進行的。當時他在太空艙外翻滾了十二分鐘後，想要回到艙內，但因爲艙外的眞空使得他的太空衣膨脹，進不了太空艙，另一位太空人貝里阿葉夫（P. Belyaev）見狀努力搶救，終於在八分鐘後把他拉進太空艙內。我們現在回溯這段歷史，仍不禁爲列昂諾夫捏一把冷汗。但他們的噩運尚未結束，在關上艙門想要重返地球大氣層時，發現逆向火箭失靈，只好再繞地球一圈，然後使用艙鼻的備用火箭回航。因爲這麼一番折騰，降落地點偏差許多，落在一個不知名的森林裡，救援人員花了一天才找到他們。回頭想想，今日太空科技的許多知識與經驗，都是靠了這些先驅，冒著生命的危險一點一滴得來的。

⑤ 後記：哈柏太空望遠鏡的第五次修復任務由亞特蘭提斯號（Atlantis）太空梭擔綱，於二〇〇九年五月發射，在將近兩週的任務時間內，順利完成維修及儀器更新的任務。

第六章

神州啊，神舟！

大陸的「神舟任務」之所以集中在生命科學與農業研究，
應該還有另一層面的意義，
目的在向世界各國顯示：
中國的太空計畫是很單純的科學研究，
不帶有軍事威脅的氣氛。

提到太空天文的發展，總令人想到美國有航空暨太空總署（NASA），曾出動過數不清的任務；俄國曾有和平號太空站，還參與了國際太空站的設置，而歐洲、日本也都涉足了太空發展。除了美、俄、歐、日，現在還有什麼國家的太空科技正在蓬勃發展呢？我認爲一海之隔的中國大陸，現在正急起直追，應該會是繼美、俄之後，第三個獨自把人送上太空的國家。

從七〇年代中國大陸發射第一枚人造衛星「東方紅一號」開始，大陸方面便決心展開載人上太空的研究，這不僅基於軍事意圖，也是國力的象徵。儘管七〇年代的初期發展遇到瓶頸，但由於長期發射、研究衛星科技，大陸仍然累積了足夠的實力與知識，使得八〇年代大陸的「空間技術」（大陸管「太空」叫「空間」！）進步神速，並在一九九二年設立了「載人航天工程計畫」，預備建造「神舟」系列太空船，不讓美俄專美於前。目前中國大陸正進行載人太空船的研究，希望能成功送人進入環繞地球的軌道，再把人送回來，如此不但象徵大陸的科技發展到了一定的水準，更開啓了未來無限的可能。

航天育種

二〇〇二年三月二十五日，中國大陸在甘肅酒泉的戈壁沙漠發射了「長征二號F」火箭①，托舉著「神舟三號」太空船，向太空奔去，這項任務離發射載人太空船的預計目標二〇〇三年已相去不遠了。既然「神舟」有三號，可想而知過去必定有一號、二號了。「神舟一號」在一九九九年十一月發射升空，主要任務是攜帶一些農作物的種子在太空中做短暫停留，目的是試驗青菜、紅豆、西瓜、甜瓜、番茄、甜椒、辣椒、水稻等的種子，看看這些農作物種子在經過一趟太空之旅後，在未來地面上的培育方面有什麼變化。另外，大陸有幾省特別出名的農作物也安排隨「神舟一號」上了太空，比如三個雲南主要栽培的烤煙品種②。大陸人口現已達十三億，約占世界人口的百分之二十二，但土地只占了百分之七，因此「神舟」任務之一——航天育種，便是研究在太空中改良農業育種的可能性。此外，我覺得大陸的「神舟任務」之所以集中在生命科學與農業研究，應該還有另一層面的意義，目的在向世界各國顯示：中國的太空計畫是很單純的科學研究，不帶有軍事威脅的氣氛。

接下來的「神舟二號」是在二〇〇一年一月發射的，除了裝備增加外，「神舟二號」不再只攜帶農作物種子，許多生物物種也加入「飛天」的行列，是首次進行的多物種綜合性生物學研究，舉凡動物、植物、微生物、水生生物、細胞組織等，無一不包：包括蛋白核小球藻、果蠅、靈芝大腸桿菌，還有大鼠的心肌細胞、胚胎、腿部肌肉，總共有二十五項物種、十五種蛋白質與生物大分子。更特別的是，「神舟二號」附有一個空的回收艙（re-entry capsule），待太空船發射升空進入軌道一星期之後，回收艙會掉回地面，軌道艙則繼續繞地球軌道運行。這個回收艙之所以責任重大，是因爲它是未來載人太空技術的關鍵測試。一般而言，回收艙有兩個模式，一個同美國一樣，三角錐狀的回收艙上裝置有幾個大降落傘，它們會掉落大海裡，只要去大海中撈起即可；另一個則是俄國系列，回收的地點是在空曠的沙漠或陸地上。對大陸而言，採用的回收方式是俄國式的，因爲大陸地廣人稀的區域並不難找。

「神舟」任務是由中國科學院負責的，並且結合了中國大陸五十多個科研院所與大學，幾乎是動員全國太空研究機構的計畫。記得前幾個月我去南京大學和紫金山天文台訪問時，那裡的研究員就告訴我他們也參與了「神舟二號」的實驗，負責一些天文儀器的設計，譬如測量X射線和γ射線的儀器。這些實驗雖不是「神舟二號」主要的任務，卻也獲得了一些不錯的成果，因此大陸的天文研究可以說也沾了「神舟」系列任務的光。

紛紛自立門戶

回過頭來談談「神舟三號」。與「神舟二號」一樣，「神舟三號」也有一個回收艙，只是這次回收艙不再是空的，而是載了個假人上去，假人身上布滿了各種電子儀器，讓「他」親身去感受在軌道運行的狀況。新增加的擬人載荷系統可模擬人體在太空環境生活的多種生理參數，像是脈搏、心跳、呼吸、飲食、排泄等，再用儀器記錄下太空環境對人體可能造成的影響，而這個假人是隨時受到地面指揮中心監控的。其實「神舟」任務的進程與美國NASA的太空任務有很多相似處，第一步是生物試驗及回收艙，第二步是模擬假人，若一切進行順利，下一步就是把太空人送上天了。

「神舟三號」除了回收艙外，軌道艙的工作也是任重道遠。軌道艙包含有四十四種儀器，非常熱鬧，分別針對生命科學、材料科學、微重力、物理等領域做實驗，研究在失去重力的環境下目標物會有什麼變化。天文觀測也是「神舟三號」的重點工作，這或多或少也和NASA的太空船任務相近。當軌道艙環繞地球軌道運行時，它同時監測太陽的紫外線變化，看看太陽輻射微小的改變，對地球四周環境的影響程度。③

監測太陽不單在科學研究上有意義，在軍事上和地面生活上也是重要的指標，因爲太陽活動和地球是息息相關的，況且衛星、太空船、太空人正是分布在這樣的太空環境裡，所以太空天氣（space weather）的預報在近年來日益重要。儘管太空天氣預報的結果是全世界共享的，但在和平的氣氛中允許共享，並不代表在另一個時空下也可以共享的。所以當美國和歐洲在太空天氣預報上的發展漸趨成熟之時，中國大陸正急起直追，冀望也能獨立門戶，建立自己的太空天氣預報技術。

說到獨立門戶，就讓我想到歐洲近年來也準備發展自己的全球衛星定位系統（Global Positioning System, GPS）——伽利略（GALILEO），他們把這個定位系統取名爲「衛星電波導航系統」（Satellite Radio Navigation System），藉以和美國的全球衛星定位系統區隔。這個伽利略衛星，不是NASA航向木星的太空船伽利略號，而是歐洲幾個國家統合發展的環繞地球的小衛星。這一系列小衛星和美國的衛星定位系統一樣，可讓歐洲對全球環境提供高解析率的地面資訊，定位經度可以精確到一、兩公尺，比美國的GPS系統還要精準。歐洲的導航衛星所在的軌道，與赤道傾斜的角度較大，爲的也是照顧自家人，這是因爲歐洲地理緯度較高的緣故。

歐洲之所以發展伽利略衛星導航系統，有另一個政治因素，因爲目前大家熟知的GPS是由美國國防部控管的，他們有相當的裁量權，一旦哪天爆發戰事，美國國防部大可以關掉GPS，不給其他國家使用。這就是爲什麼一聽到歐洲要發展自己的衛星導航，美國便表現出莫大的關心，因爲即使美國關閉了GPS，其他國家還是可以轉而使用歐洲系統，如此一來美國就喪失主導地位了。我以爲對美國以外的國家來說，發展伽利略衛星定位系統是件不錯的消息，因為它是一個由民間主導、不受軍事干擾的全球衛星系統，等於是給大美國主義敲了一記悶棍！

迎向百家爭鳴的局面

知識可以傳承，但經驗卻是傳承不來的。猶記十多年前，當台灣的太空計畫正要起跑時，我曾參與了部分的發展研究，和另外二、三十位教授被委派到美國和法國接受一連串訓練，學習何謂系統工程（system engineering），那時我就深切感受到美國人和歐洲人性格上的差異。相對於法國講師的開放，美國講師就相當保守了，對於任何牽涉到美國軍事國防、台灣技術轉移等議題，馬上變得相當敏感；反觀法國人什麼題材都教，傾囊相授，無任何保留，因為他們知道即使教會了我們，我們還差他們一大截呢。

還記得有一天法國講師在黑板上畫了三個圈圈，分別代表知識、經驗與金錢。三個圈圈環環相扣（見圖二十一），一旦累積了知識、學到了技術和方法之

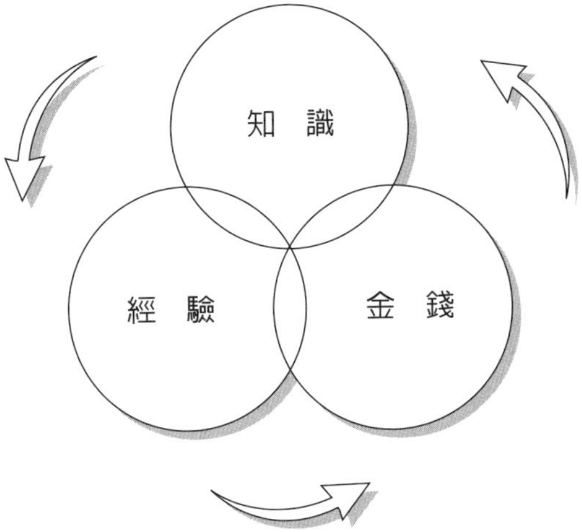

圖二十一　知識、經驗與金錢，三者環環相扣。

後，便可以設計任務、累積經驗，等到具備了足夠的經驗，便可以去教導技術比你落後的人，並從中獲利，財富滾滾而來。

若以另一個角度來看這個循環，從「金錢」開始，會得到什麼結果？儘管用大筆的鈔票買到最先進的現成知識，但缺少了經驗從旁輔助，仍是緣木求魚，就好像把一棵在國外土地上成長茁壯的大樹深根掘起、移植到台灣來，然後盼望它能在三五年開花結果一般，這幾乎是不可能的，因爲不同的環境會造就出不同的形態、不同的結果。

因此，我們絕不能把歐美適用的那套太空科技發展，原原本本地搬到台灣，而是要有一套適合自己的發展計畫，這一點日本和大陸都值得我們學習。

七〇年代，正逢美國太空工業風風光光之時，日本才開始了太空科技的發展，當時他們只能發射籃球一般大小、三公斤重的小衛星。然而經過了二十年的努力，七〇年代參與研發工作的年輕人，如今已躍升成爲日本太空工業的中堅份子，日本在科學衛星、火箭的研發上，也開創出自己的天地。大陸的太空計畫雖然起步較晚，但「神舟」太空船的三次發射任務都相當順利，表示他們有了堅實的基礎，經過一、二十年的準備工夫，大陸的太空科技是踏踏實實卻又加緊腳程地想要迎頭趕上美國與俄國。日本和大陸的太空工業之所以在今日能有如此成就，靠的無不是一步一腳印，歷經一、二十年光陰培養出自己的技術與人才。這二十年的過度階段是無可避免的，就好像我們不可能跳過青春期、而在一夜之間長大成人一樣，這一點值得我們借鏡。

互相較勁

在太空科技競賽的過程中，美國和俄國其實都不是最早起跑的國家，最先在火箭研發領域獨占鰲頭的，是德國。三〇年代，美國的火箭鼻祖高達④及其他對太空有興趣的人，開始發展火箭科技，但當時並沒有受到特別的重視。沒想到二次大戰時，德國發展出V1、V2火箭，大大刺激了美國及英倫三島。一九四四年，美國以戰勝國領袖之姿橫掃德國之時，把德國在皮納蒙（Peenemünde）一個很重要的火箭基地幾乎搬空，等到俄國軍隊抵達時，可用的資源已經所剩無幾，但仍然抓了幾個科學家回去。所以說美俄兩國在德國戰敗時，幾乎把德國的火箭技術瓜分精光，才使得美俄兩國能在火箭工業上奠定堅實基礎。

一九四五年二次大戰結束之後的十多年間，美國的太空科技並沒什麼明顯的進步，反觀俄國，卻在一九五七年發射了全世界第一枚人造衛星「旅伴一號」（Sputnik 1），揭開了太空時代的序幕，也讓美國人瞠目結舌，因爲美國人一直以爲他們在火箭發展上是遙遙領先的。俄國的進步，使美國人深受刺激，才終於有甘迺迪總統在一九六二年宣布十年內美國人要登陸月球、並安全歸來的決心。

登月的目標在六〇年代看似遙不可及，尤其以當時的技術而言，然而連總統都登高一呼了，全國上下更是同心一致，集中所有可能的資源，全力向登月的目標衝刺。若翻開太空大百科全書，我們會發現美國在六〇、七〇年代，幾乎每幾個月就發射一艘太空船，一年裡總有好幾艘順利升空，像是早期的雙子星系列、水手系列等，我想這就是美國人把「目標拉高」（aim high）的精神，唯有把目標放遠，進步才會加速。

自創新名詞

說到這幾個國家的太空科技發展，不免想到美、俄、中這三個互相較勁的對手，連在「太空人」這一名詞上，都要各領風騷。英文的「太空人」叫做astronaut，而俄國則稱他們的「太空人」為cosmonaut，有「宇宙人」的味道。大陸早年一直使用的稱號是「宇航員」，是根據俄國的cosmonaut引申而來的，聽起來還蠻有意思的。然而近年來他們也開始採用「太空人」的說法，只不過他們發明了一個新名詞，而且還是英文的，叫做taikonaut，taikon指的是「太空」，naut則是引用西方語言的字根（-naut），表示「××者」，這和大陸「人民幣」的翻譯——Renminbi，倒有異曲同工之妙！

【注釋】

① 這不禁讓我連想到國共對抗的年代，共軍謂之「長征」，國民政府則稱他們爲「流竄」！

② 大陸有個好玩的特色，就是每一省分、甚至每一縣都有其代表性的菸酒特產，並賦予當地的歷史或地理意義。我記得曾看過河南省出品一種「炎黃牌」香煙，包裝紙正面就畫了神農氏和軒轅氏的畫像，背後一看果不其然就印有名山大川的圖案！雲南的香煙是雲南人引以爲傲的特產，當地人號稱，倘若大陸各省沒有菸酒銷售的省分管制的話，雲南香煙老早就征服整個中國了！

③ 後記：「神舟四號」在二〇〇二年十二月三十日發射升空。「神舟五號」於二〇〇三年十月十五日發射，是中國大陸第一次的載人太空飛行任務，航天員（近年已取代「太空人」

的稱呼）楊利偉隨船升空，是中國大陸進入太空的第一人，太空艙則於次日成功返回地球。「神舟六號」於二〇〇五年十月十二日升空，搭載了費俊龍及聶海勝兩位航天員，是中國大陸第一次「多人多天」的太空任務。「神舟七號」在二〇〇八年九月二十五日發射升空，搭載翟志剛、景海鵬與劉伯明三位航天員，其中翟志剛完成了中國大陸第一次的「出艙行走」，也就是「太空漫步」，三日後太空艙順利返航。而未來的任務「神舟八號」，目前預定於二〇一一年發射，將與「神舟九號」對接，形成一個長期駐留的小型太空站。一個月之後，「神舟十號」將搭載航天員前往此太空站。

④ 高達（Robert Hutchings Goddard, 1882-1945），被喻爲現代火箭之父，一九五九年NASA在馬里蘭州設立的高達太空中心（Goddard Space Center），即是以他爲名。

第七章

彗星，
受人敬畏有若雷電

在詩人和文學家的眼中，這如天際珠串般的解體彗星，
投身木星波濤洶湧的高層大氣，就像悲歌的刺鳥一樣，
選擇了最絢爛的方式結束它的一生；
然而，對天文學家而言，這正是研究彗星結構、
以及木星高層大氣組成和運動的一個千載難逢的機會。

西元一七三八年，法國文豪伏爾泰（Voltaire，1694-1778），曾經寫了一首詩給他的朋友：

彗星，受人敬畏有若雷電；
莫再驚嚇地上的人們了。
循著巨大的橢圓路徑運行，
它升起，它降下，它有如白日的亮星；
爆出一團火焰，飛去飛回，永不止息，
反覆的刺激這個早已疲累不堪的老年世界。

伏爾泰的這首詩，代表了十八世紀的歐洲人對彗星的認識，在這段詩文裡，正確地指出了彗星運行的兩項重要法則：第一，彗星的軌道多半都是狹長的橢圓形；第二，有些彗星會周而復始地出現。

哈雷彗星

彗星，這種曾經帶給先民們無比恐懼與不安的奇怪天體，幾千年以來一直在傳說中或神話裡被標誌上神祕和不祥的符記。然而時至今日，我們卻能以欣喜與期待的心情觀賞彗星劃過天際，這都得歸功於近兩百多年在彗星研究上做出貢獻的科學家，其中最舉足輕重的莫過於哈雷（Edmond Halley, 1656-1742），而今日最爲人所熟悉的彗星，正是哈雷彗星。

哈雷生於英國，與牛頓是同一時代的人，兩人不僅是忘年之交，更是科學事業上的夥伴①。在哈雷年輕的時候，就曾因爲一顆彗星的出現，引起了他對這類天體的興趣。之後，哈雷蒐集了幾十次彗星出現的紀錄，發現其中有三次彗星在天空運行的軌道幾乎是一模一樣的，當時他就大膽預測，彗星是週期性運行的天體，同時預言那顆曾經三度出現的彗星，將會於一七五八年再次出現。

一七五八年終於到來，相信哈雷理論的人無不磨拳擦掌迎接這顆彗星再次光臨，但不相信他的理論的也大有人在，尤其當一七五八年這一年都快過完了，而這個眾人期待的天體還未露臉時，訕笑與譏諷的言語早就在英國科學界散布開來。然而就在十二月二十五日耶誕節當晚，這顆彗星出現了，也就從那一刻起，所有關於彗星的神祕與不祥，都隨之煙消雲散了，彗星的研究才眞正步上科學的坦途。（可惜的是，哈雷自己沒能親眼目睹這顆以自己姓氏命名的彗星，他早於一七四二年就與世長辭了。）

話雖如此，一直到哈雷彗星上上次出現之前，也就是一九一〇年，由於人們對彗星認知的不足，仍然產生了不少的笑話和悲劇。當年天文學家在預測哈雷彗星回歸時，發現地球會在五月十九日從哈雷彗星的尾巴裡穿過，也就是說，哈雷彗星在那次接近太陽的時候，它的近日點和地球是在太陽的同一側，地球正巧會穿過彗星的尾巴。因爲這樣的預測，使得當時的人們陷入了無比的驚恐中，漫天的謠言擾得人心惶惶。例如在美國，有人就傳言彗星的尾巴含有大量有毒的物質，所以當地球從彗尾通過時，地球上的人們會中毒而死，因此美國當年防毒面具的銷售異常得好。彗星中是有氰化物的成分，但含量稀少，對穿越其中的地球不會有影響。這個聳動的說法不知道是不是生產防毒面具的廠商造的謠？

無獨有偶地，在地球另一端的日本，也因哈雷彗星的造訪，發生了一些令人啼笑皆非的怪聞。當時的人們以爲哈雷彗星是一顆質量很大的天體，當地球穿過哈雷的尾巴之時，因爲兩者如此接近，所以會有幾分鐘的時間，地球上的空氣會被哈雷彗星給「吸」過去，等到哈雷走遠了，地球上的空氣才會回復到正常狀態。爲了熬過這幾分鐘暫時性的「缺氧」，許多日本人紛紛使出奇招，經濟狀況允許的人家，便去買了許多腳踏車內胎，把氣灌滿，用「備胎」來儲存「備用空氣」；小學校長則帶領全校小朋友，每人捧一臉盆的水，讓小朋友把臉埋在臉盆裡，學著如何暫時停止呼吸！

今天，我們回過頭看一百年前的作爲，覺得實在讓人匪夷所思，尤其是當我們已經知道哈雷彗星的彗核不過就十幾二十公里大而已。然而，這個資訊是如何得知的？答案仍是來自哈雷彗星。

首次出擊

在一九一〇年哈雷彗星回歸之後，隔了七十六年，當哈雷彗星於一九八六年初再度現身於世人面前、從太陽旁邊繞過時，我正在加州大學當研究生。當時我對哈雷彗星的感覺，有正面的也有負面的；正面的是，這種一生一次的觀測機會，學天文的人當然要好好掌握，負面的是，我在那一年的三月曾經透過大望遠鏡觀測到哈雷彗星，發現它其實又小又暗，絕非想像中的「世紀大彗星」，因此感覺有些失望。更糟糕的是，當時許多天文台的觀測時間都優先保留給哈雷彗星觀測之用，使得其他課題的觀測申請都受到影響，這樣一來，對哈雷彗星的熱忱也稍稍打了些折扣。

然而，當時的哈雷彗星爲什麼又小又暗呢？彗星愈接近太陽，不是應該又大又明亮嗎？這是因爲一九八六年這次彗星接近太陽，剛好與一九一〇年那次相反。一九八六年這一回，哈雷彗星繞過太陽的近日點，和地球分別是在太陽的兩側，所以地球上的人當時是處在一個非常不容易觀測到彗星的位置，只有在哈雷彗星離開太陽遠一些時，才可以在日落之後或日出之前觀測到它。弔詭的是，彗星愈接近太陽，受到的熱力愈強，它的彗髮②就愈大，彗尾也就愈長。但你又必須等它離開太陽遠了，才看得到，所以觀測到的景象自然就不如想像中那麼壯觀

彩圖 13 畫家筆下的「羅瑟塔任務」。圖上方的太空船已經放出子船，正朝著彗星頭部中的彗核緩緩降落。（Courtesy of European Space Agency）

彩圖 14 畫家筆下「2001火星漫遊者號」太空船在火星軌道運行的模樣。往左伸出、懸吊在長支架盡頭的是「γ 射線偵測器」，伸長的目的是為了減少來自太空船本體的 γ 射線對儀器可能產生的影響。（Courtesy of NASA/JPL/Caltech）

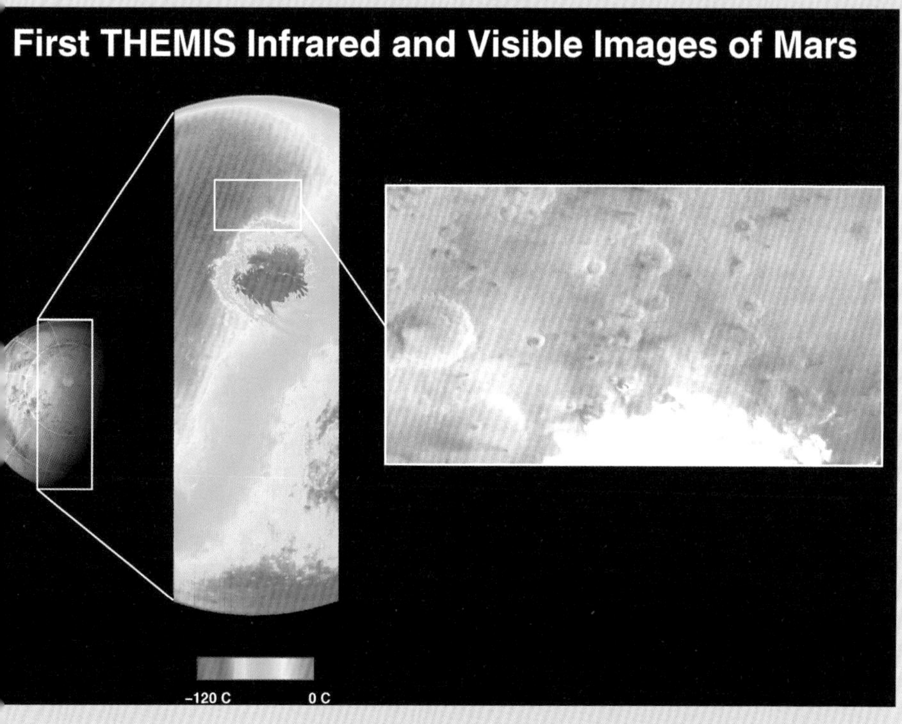

彩圖 15 「2001 火星漫遊者號」針對火星南極附近所拍攝的紅外線（中）及可見光（右）影像。紅外線影像中的圓形藍色區域，就是溫度低到攝氏零下 120 度的南極冰帽，直徑超過 900 公里，但這時已是火星南半球的晚春，氣溫正在回暖中。可見光的影像解析率達到 1 公里，可以看到冰帽邊緣的塵霧，這些塵霧來自過去幾個月肆虐火星表面的大規模塵暴。
（Courtesy of NASA/JPL/Arizona State University）

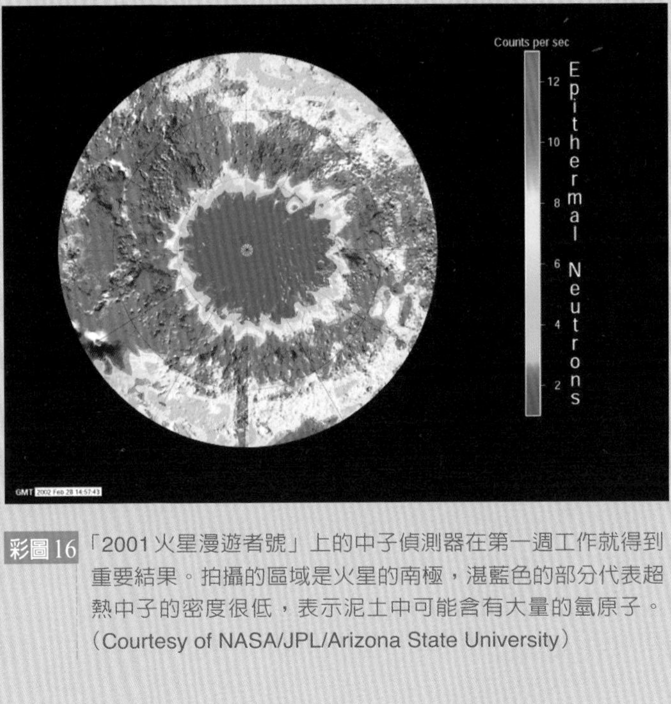

彩圖16 「2001火星漫遊者號」上的中子偵測器在第一週工作就得到重要結果。拍攝的區域是火星的南極，湛藍色的部分代表超熱中子的密度很低，表示泥土中可能含有大量的氫原子。（Courtesy of NASA/JPL/Arizona State University）

彩圖 17 哈柏望遠鏡所拍攝的火星影像，時間是2001年6月26日。當時火星距離地球僅6,800萬公里，是自1988年來兩者最近的一次，所以許多細節一一顯現，如北極冰帽上空的大規模塵暴。

〔Courtesy of NASA and the Hubble Heritage Team (STScI / AURA)〕

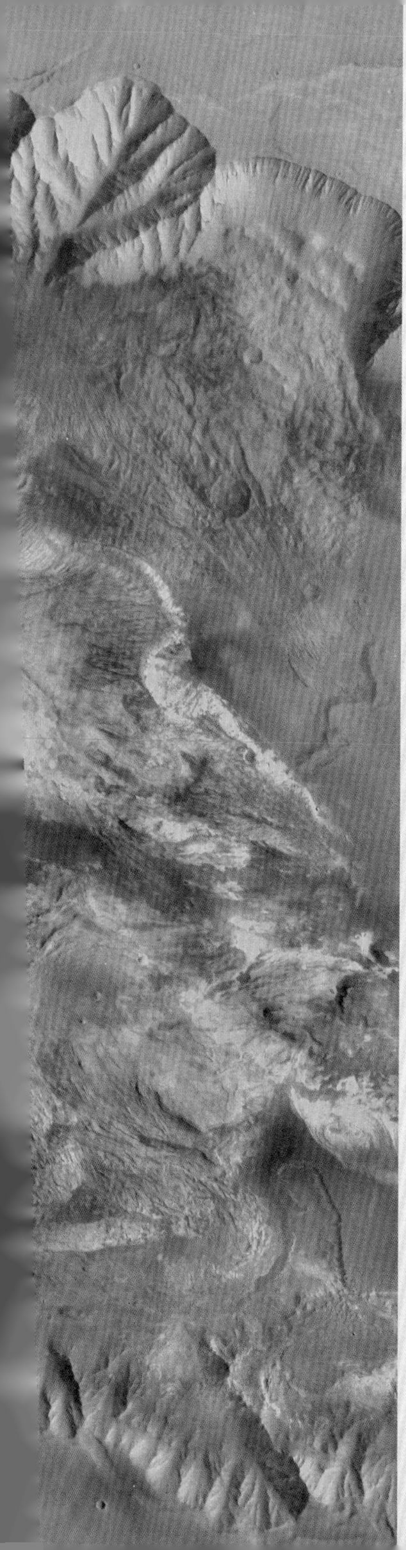

彩圖 18 七〇年代「維京人一號」太空船所拍攝的照片。圖中的區域是水手峽谷（Valles Marineris），長5,000公里，寬240公里，深6.5公里，侵蝕崩坍及結構斷層的痕跡處處可見。

〔Courtesy of NASA/JPL/Caltech〕

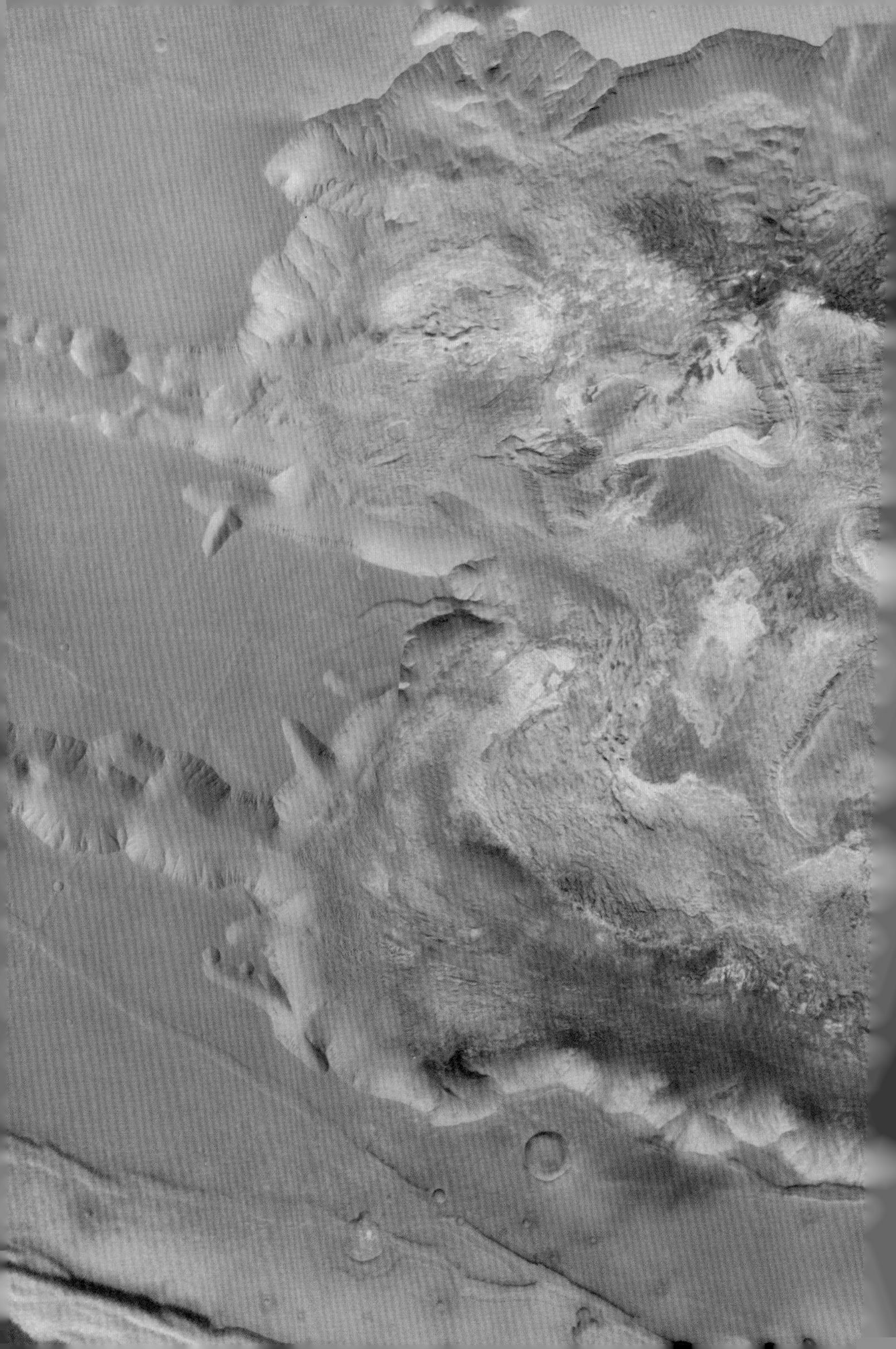

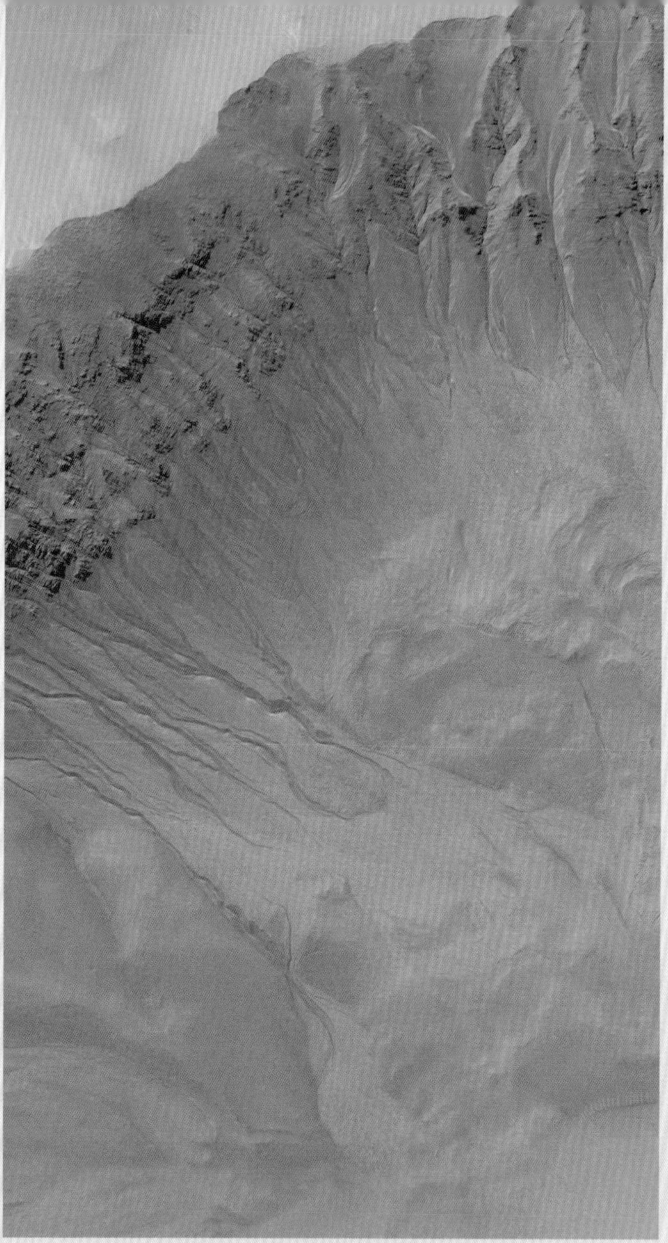

彩圖 19 由「火星全球測量者號」於2000年6月所拍攝的照片。圖中是一個大隕石坑的一部分，但數十條由坑邊向下延伸的水蝕溝渠清晰可見，有數條甚至在終端處形成三角洲。因為這些沖蝕地形尚沒有任何隕石撞擊痕跡，所以被認為是火星表面相當年輕的地貌。

（Courtesy of NASA/Malin Space Science Systems）

彩圖 20 哈柏望遠鏡於1995年3月3日所拍攝的一幅紫外波段影像。圖中是離我們1,400光年的獵戶座紅巨星參宿四，我們可約略看出這顆巨星的盤面。這次的觀測，是人們第一次能夠解析除了太陽以外的另一顆恆星表面。參宿四十分巨大，若是擺在太陽的位置，它的邊緣會超過木星的軌道。〔Courtesy of Andrea Dupree (Harvard-Smithsonian CfA), Ronald Gilliland (STScI), NASA and ESA〕

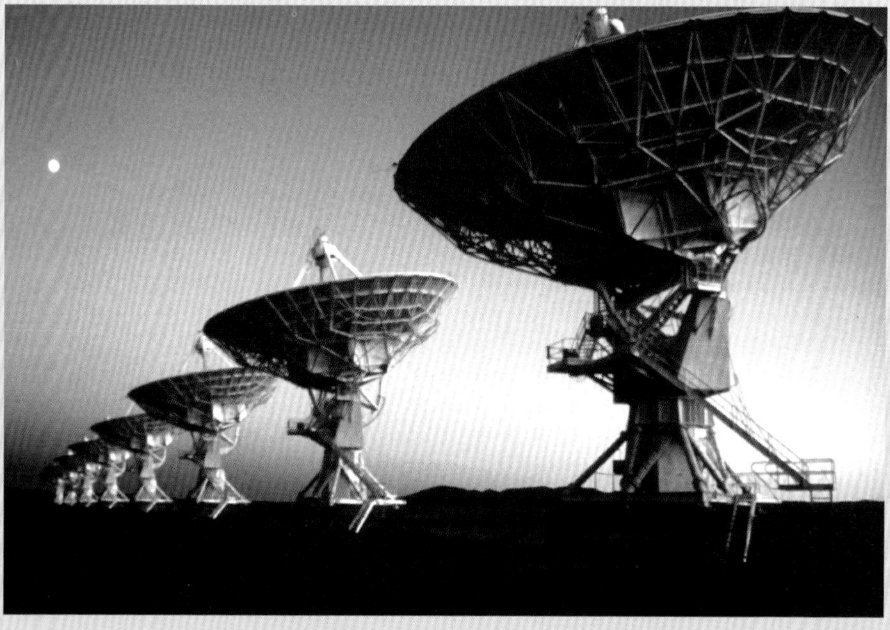

彩圖21 位於新墨西哥州的特大天線陣，每一個碟型天線的直徑有25公尺，約有五層樓那麼高。左上方的光點是於傍晚時分出現的月亮。
（Courtesy of National Radio Astronomy Observatory and Associated Universities, Inc.）

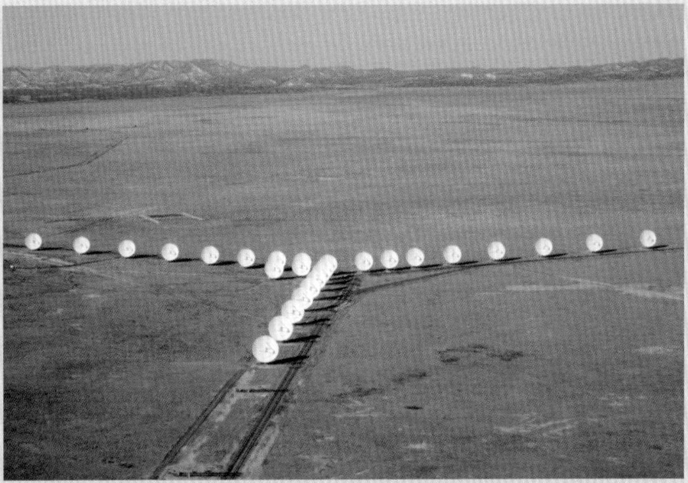

彩圖 22 特大天線陣包含二十七個天線，在新墨西哥州的平原上排列成一個Y字形，同步對一個天體進行觀測。因來自一個天體的電波抵達每一個天線的時間稍有差異，天文學家就可以利用電波干涉原理反推出這個天體的細微結構。
（Courtesy of NRAO/AUI.）

彩圖 23 特大天線陣的天線間距可用台車沿鐵軌載運來調整，使用不同的解析率進行觀測。天線間距愈大，解析率就愈高，但相對的靈敏度也就愈低。
（Courtesy of NRAO/AUI. Photographed by Dave Finley.）

彩圖 24 位於波多黎各阿雷西波的電波天線，直徑305公尺，是依著當地石灰岩受侵蝕而形成的喀斯特地形（Karst terrain）的一個凹谷所建。上方懸吊著的接收器可以變換位置，使得這個固定天線仍然可以觀測距天頂20度角內的任何天體。
〔Courtesy of SETI Institute. Photographed by Seth Shostak (SETI Inst.)〕

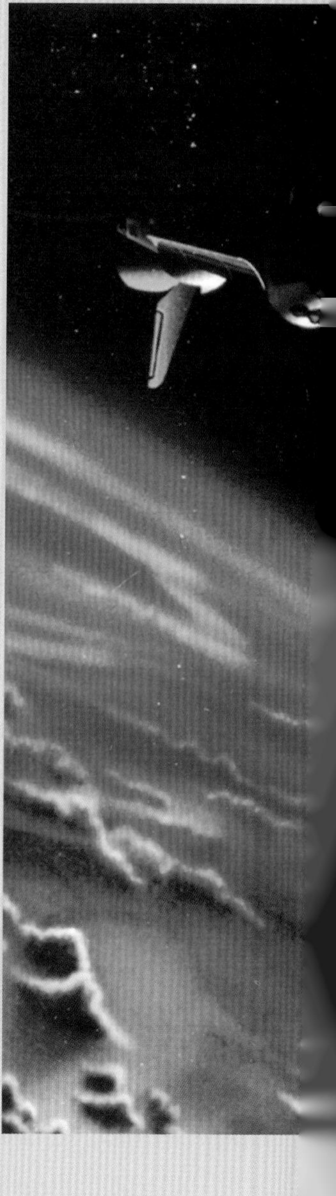

彩圖 25 尾跡屏罩設備是一個直徑約 4 公尺的不銹鋼圓盤飛行器，由太空梭攜帶置入軌道，再由地面控制。這個小太空船以約 30,000 公里的時速飛行，在其尾端可創造出比地球上實驗室所能達到的真空還要稀薄一萬倍的環境，可在該處以磊晶技術製造品質極佳的半導體材料薄膜。（Courtesy of NASA）

彩圖 26 2001 年 12 月，由奮進號太空梭上拍攝到的地球夜景，包含了兩種大氣現象：沿著地平一路延伸的綠帶是大氣氣輝（airglow），是白天由太陽光所分解的原子，在夜間重新結合所放出來的光芒，在全球各處大氣皆存在，但因為它極暗，只能貼著地球邊緣透空觀察才看的到；另一個現象是極光（aurora），在圖中重疊在大氣氣輝之上、及圖最右方的塊狀綠帶，就是北極光，是磁球層導引高速電子至北極上空，激發空氣中的原子所造成的。兩個現象所發的光主要都是來自氧原子的 5577 埃譜線，因此皆為綠色。圖下方紅色塊狀區域是來自地面不知名城市的光芒。（Courtesy of NASA）

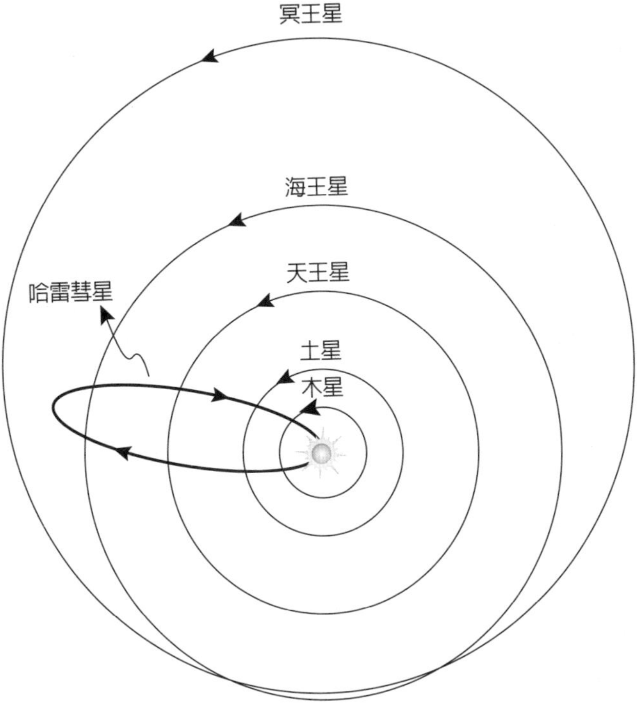

圖二十二　哈雷彗星運行的軌道示意圖。注意哈雷彗星的逆向運行，以及冥王星與海王星的軌道是交錯的。

了。

儘管一九八六年這次的觀測機會是近一、兩千年來最差的，卻也是人類科技最進步的時代，因此，一共有五艘太空船被派往哈雷彗星，以研究彗星從內到外的構造。這五艘太空船包括蘇俄的兩艘——VEGA1、VEGA2③，日本的兩艘——「彗星號」

（Suisei）、「斥候號」（Sakigake），以及歐洲太空總署（European Space Agency, ESA）的「喬托號」（Giotto）。我們可能會覺得驚訝，美國的航太總署怎麼在這次世紀彗星的觀測中缺席了？根據NASA的說法，他們對於探測哈雷「興趣缺缺」。

根據NASA發布的消息，他們之所以對哈雷彗星不感興趣，是因爲眞正能觀測彗星的時間非常短暫，不值得去做。當太空船從地球上發射時，無可避免地會攜帶地球公轉的速度（約十萬公里／小時），而哈雷彗星接近太陽時，速度約二十萬公里／小時。由於哈雷彗星的運行方向與多數天體的逆時針運行方向（由天體北極往下看）相反（見圖二十二），所以哈雷彗星和太空船彼此是以高速接近的，然後擦肩而過，眞正能觀測和記錄彗星的時間，只有電光石火的幾秒鐘而已。所以美國方面才聲稱這個任務不值得執行。然而，根據我們側面的了解，NASA是苦於經費受限，否則爲什麼日本、蘇俄和歐洲要興致勃勃地發射太空船？好在就靠這幾艘太空船，才讓我們獲得了第一手的彗星知識。

原來是顆「髒雪球」

日本的兩艘太空船——「斥候號」和「彗星號」，遠遠掠過彗星前緣，主要目的在於研究彗髮外緣的稀薄氫氣雲，而這些氫氣雲是在一九六八年觀測另一顆彗星的時候發現的。氫原子是水分子的重要成分，它的存在告訴我們，彗核的組成物質應該包含著大量的固態水，也就是冰。這對我們了解組成彗星的基本物質，提供了一個有力的線索。

早在一九五〇年，美國天文學家惠普爾（Fred L. Whipple, 1906-）就提出來一個所謂「髒雪球」（dirty snowball）的理論。他觀察彗星的特徵後發現，彗星在遙遠的外太陽系寧靜無爲，但一接近太陽，組成物質就急速蒸發形成彗髮和彗尾，因此他認爲彗核應該是由結構極爲穩定、但容易昇華的物質組成，最有可能的就是水分子。因此惠普認爲，彗星應該是一個固態的水分子結晶（冰），再加上太陽系裡的灰塵所組成的鬆散結構，就好像一個摻了泥土的雪球，這就是爲什麼這個理論又叫「髒雪球」理論了。

但要驗證這個理論，非得深入彗髮、直接觀測彗核才行，因此，一九八六年針對哈雷彗星的研究愈發顯得重要。蘇俄的兩艘太空船VEGA1和VEGA2肩負重任，而它們的路徑就設計得極爲接近彗核。一九八六年三月六日和九日，這兩艘太空船以八千公里左右的近距離先後掠過彗核，傳回來一系列照片。天文學家驚訝的發現，照片中哈雷彗星的核心不是圓的，也不是方的，而是一個像馬鈴薯一樣的不規則物體，表面極黑，但是從核心卻射出一道明亮無比的噴流（jet stream），包含著高速的灰塵微粒和水蒸氣分子。

儘管蘇俄的兩艘太空船只是遠遠地穿過這道噴流的末端，太空船上的儀器和太陽板上的大部分電池，都在接近噴流的剎那間被擊毀了。不過，在失去通訊之前，蘇俄的太空船發現了一個令人困惑的現象：彗核的表面溫度竟然高達攝氏九十七度到一百二十七度間，比水的沸點還高！這怎麼可能？如果我們相信惠普爾的理論，那麼這個大部分由冰塊組成的物體，表面溫度如何能超過水的沸點？

要回答這個問題，需要更靠近核心做更仔細的觀測。蘇俄的兩艘太空船雖然犧牲了小我，但在被擊毀之前所傳回來的資料，已經足夠讓天文學家精確地算出彗核的位置了，使得隨後而來的歐洲太空船「喬托號」（也是五艘探測哈雷彗星的太空船裡的最後一艘），能不斷修正航向，直入核心。

當初科學家在設計「喬托號」任務的時候，根本不知道有噴流的存在，更沒有料想到噴流是如此的明亮，而彗核是如此漆黑。的確，哈雷彗星彗核表面的反射率只有百分之四，是全太陽系裡目前所知最黑暗的天體。這些當初沒有料想到的因素，差點讓此任務失敗。因爲要在擦身而過的瞬間拍到彗星的中心，是不可能由地面上的科學家即時掌控攝影機的，必須由太空船上的電腦來操控。但當初在設計程式的時候，科學家給電腦的指令，是要去找尋並且拍攝彗星中央最明亮的部分。當時以爲彗核應該是最亮的，沒想到噴流是如此的燦爛奪目，所以攝影機實際上對準的目標是噴流，而不是彗核。幸虧攝影機的視野夠大，仍然把背景的彗核拍了下來，才使得這個耗資億萬的任務不至功虧一簣。

伯利恆之星

「喬托」之名取自十四世紀義大利一位畫家喬托（Di Bondone Giotto, 1267-

1337）。「東方的三位智者」、「馬槽聖嬰」以及「伯利恆之星」，都是聖經故事裡最受歡迎的繪畫題材，而喬托在他的壁畫「東方三位智者的禮讚」（The Adoration of the Magi, 1304-06）裡，借用了十四世紀初回歸的哈雷彗星的形貌，描繪出了「伯利恆之星」，這三位智者，因爲明亮的「伯利恆之星」的指引，找到了剛在馬槽中誕生的聖嬰。對這顆「伯利恆之星」來源的說法，言人人殊，有人說它是木星，有人說它是金星，有人說是超新星（supernova），但更有趣的說法是伯利恆之星就是哈雷彗星。事實上在喬托畫這幅壁畫之前不久（一三○二年），哈雷彗星的確造訪過地球，所以喬托才會拿哈雷彗星來代表「伯利恆之星」。

然而，喬托絕對料想不到，六百年之後，他的名字會刻在奔向哈雷彗星的太空船身上。一九八五年七月二日，歐洲太空總署發射了這艘小型的無人太空船，迎向哈雷彗星。這艘太空船長不到三公尺，寬不到兩公尺，卻以六百公里的距離擦過核心，這是人類有史以來第一次從這麼近的距離研究彗核。

我們曾經期待，以這麼貼近的距離可以讓我們仔細地看清楚彗核的結構，但

圖二十三 1986年3月14日所拍攝到的哈雷彗星彗核合成圖，是由68張影像組合而成，其中彗核部分的最亮點具有最高的解析率。（Courtesy of ESA/MPAE, 1986, 1996）

事實上，在最接近彗核之前的十四秒，太空船就遇上了彗核周遭強烈的灰塵風暴，高速的灰塵粒子把最主要的觀測儀器——攝影機打歪了，這時太空船已經接近到了五千公里的近距離。幸好，攝影機鞠躬盡瘁之前的最後一系列照片也沒讓人失望，終於能讓地面上的天文學家一窺彗核的全貌（見圖二十三）。

在一九八六年三月十三日當天，「喬托號」太空船和哈雷彗星以每小時五十萬公里的相對速度擦身而過，在這之前和之後的幾個星期裏，太空船拍攝了千百幅圖像，也詳細的分析了彗核的組成物質，發現彗核百分之八十五是由冰塊所構成，表面則包裹著一層由深色灰塵構成的薄殼。這些發現不僅印證了惠普爾的「髒雪球」理論，也解釋了爲什麼一個大部分是冰塊的物體，表面溫度可以高到攝氏一百度左右，卻又如此漆黑。

正如先前所說的，哈雷彗星的彗核是一個狀似馬鈴薯的不規則物體，長、寬、高大約是16×8×8公里，雖然不大，但也有山有谷，還有具體而微的隕石坑；表面漆黑，但是向陽的那一面，卻噴出兩道明亮無比的噴流，而不是原先蘇俄太空船所以爲的一道。這兩道噴流裡包含著大量的水蒸氣和灰塵粒子，我們相信這便是構成亮麗彗髮和彗尾的物質來源。

在一九八六年初的短短幾個星期裡，因爲哈雷彗星的來訪，讓人們對彗星的了解又更上一層樓，但我們可以肯定的是，在天文學家完全消化了這次獲得的資訊後，又會有許多新問題產生。然而要想釐清哈雷彗星的新謎團，得等到二〇六一年哈雷彗星再次回歸、行經地球的時候了。

「羅瑟塔」任務

爲什麼天文學家會對彗星這麼感興趣？有兩個主要原因。第一，彗星的組成物質代表了太陽系最初形成時的物質。太陽系裡的行星，像是地球、火星、金星，至今已形成幾十億年了，它們的地形地貌早已發生劇烈的改變。就拿地球來說，地表上的火山爆發、板塊漂移與風化水蝕，使地球「演化」成今日的外貌。因此，要從這些行星表面找出太陽系起源的蛛絲馬跡，是很困難的。然而我們相信，彗星的彗核裡包含有太陽系初生成時未被二次污染的原始物質。

研究彗星的第二個原因則是爲了地球的未來。彗星和小行星在太陽系裡循著自身的軌道運行，但假若彗星運行的軌道和天體運行的路徑交會在一起，彗星有朝一日便可能會撞上天體。地球在過去曾經被許多天體撞擊過，未來勢必也無法避免，因此，科學家才會如此好奇，到底地球遭彗星撞擊會造成什麼後果。這也是爲什麼除了研究哈雷彗星之外，美國NASA和歐洲的ESA都持續發展針對彗星的特別任務了。

NASA在「發現計畫」裡的「彗核旅程號」任務和「深度撞擊」任務，都是針對彗星的彗核進行研究，但都僅止於近距離觀測或先下手爲強的撞擊試驗（請參見第四章〈發現計畫〉）。而歐洲太空總署ESA的「羅瑟塔」（Rosetta）任務就不同了。

羅瑟塔原是埃及的一個地名（今稱Rashid），位在尼羅河口三角洲，但爲何會被這任務取來當做名字，則有一則含意深遠的歷史典故。西元一七九九年，一位屬於法國拿破崙軍隊的士兵，在埃及的羅瑟塔地區發現了一塊石板，上面刻有古埃及的象形文字及希臘文，從此揭開了古埃及象形文字的神祕面紗。原來這塊石板是西元前一百九十六年埃及國王所宣布的一則公告，因此，這塊極具歷史意義的石板，便以當地地名爲名，稱爲「羅瑟塔石」（Rosetta Stone），現在則存放於英國大英博物館中。「羅瑟塔石」後來引申爲英文裡一句常用的字眼，代表「解開知識寶庫之謎的鑰匙」，所以，倘若以後有人說某項研究是某一領域裡的「羅瑟塔石」的話，表示他認爲這項研究一旦有了進展，便能打開這一領域的知識寶庫。由此可見，ESA的「羅瑟塔」任務在取名上也費了一番心思。

「羅瑟塔」任務將在二〇〇三年一月展開，於太空中航行八年後，接近一顆名爲沃坦南（Wirtanen）的彗星，並繞著它運行十七個月，伴隨著它逐漸接近太陽，看著這顆彗星由休眠到甦醒、再到近日點時光芒萬丈的過程！在此同時，釋出一艘子船，降落在此彗星的彗核上，試圖創下首次登陸彗星的壯舉，並進行實地測量的工作（見第145頁彩圖13）。此外，「羅瑟塔」任務也將順便對兩顆在航行途中經過的小行星（Otawara和Siwa）做觀測與記錄。④

彗星撞木星

最近幾年，美國好萊塢對災難片大感興趣，而像「彗星撞地球」、「世界末日」這樣慘烈至最高級的災難，他們當然不會放過。但是，電影歸電影，一旦走出電影院，地球上大多數的人們對於外來天體對地球的威脅，不但感覺不到，根本就是漠不關心。尤其是掌握國家資源的政治人物，只關心自己任期之內會發生的事，對於百年、千年、甚至萬年的機率，他們多半不屑一顧。但是，沒有人知道，下一次外來天體撞擊地球會在什麼時候發生。

不過，天文學家對於彗星的注目，不減反增。還記得一九九四年七月中旬，彗星「舒梅克—李維九號」撞上木星，就掀起了一陣觀測彗星的風潮。舒梅克夫婦和李維都是長期的彗星搜尋及觀察者，這顆彗星是他們發現的第九顆彗星，所以稱為「舒—李九號」彗星。

這顆被木星擄獲的彗星，軌道狹長，一端極為接近木星。在一九九二年七月，它以兩萬一千公里的近距離擦過木星大氣層頂端的時候，被木星強大重力場所產生的潮汐力撕成碎片，因此專家就預測：當它下一次繞回到木星附近時，這二十一個碎核會一個接一個地朝木星撞去⑤。木星繞太陽的公轉週期大約是十二年，與用來記年歲的十二地支數目一樣，因此中國人自古就把木星叫作「歲星」，俗稱「太歲」。對中國人而言，「太歲」當頭，有諸多禁忌，如今「舒—李」彗星不但無視於這些禁忌，還不知輕重地直接往「太歲」頭上撞去，也難怪當時咱們中國人要擔心！

就如同原先的預測一樣，「舒—李九號」彗星的第一顆碎核在一九九四年七月十六日晚上以二十萬公里的時速撞上了木星的南半球，而這一串碎核的其餘珠子，也在七月二十二日之前，陸續撞上木星南緣。在詩人和文學家的眼中，這如天際珠串般的解體彗星，投身木星波濤洶湧的高層大氣，就像悲歌的刺鳥一樣，選擇了最絢爛的方式結束它的一生，但對天文學家而言，這正是研究彗星結構、以及木星高層大氣組成和運動的一個千載難逢的機會。

不但如此，很多天文工作者也很關心這次撞擊產生的能量有多少？地球的直徑是一萬兩千八百公里，而木星的直徑是地球的十一倍，體積就是地球的一千四百倍左右，可是這些彗星的碎片不過就是一、兩公里，甚至更小。因此，大部分天文學家原先預測，對這顆一千四百倍地球大的行星而言，一、兩公里大的碎片撞上去，恐怕是如蚍蜉撼大樹，撞不出什麼名堂來！

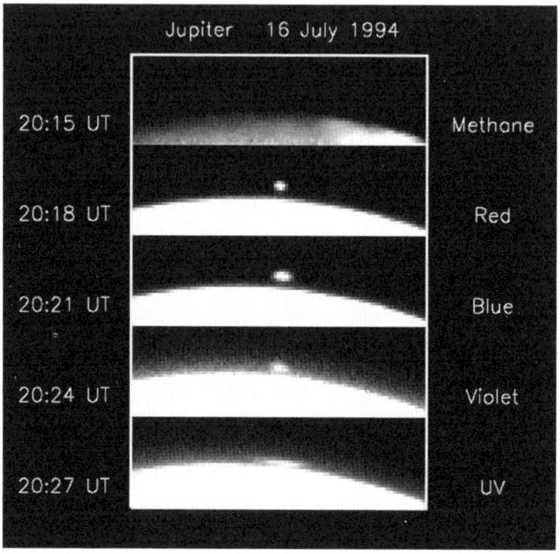

圖二十四　「舒一李九號」彗星的A碎核撞擊木星的連續影像。（Courtesy of NASA/HST Jupiter Imaging Science Team）

圖二十五　「舒一李九號」彗星的W碎核撞擊木星背陽面南緣的連續影像。（Courtesy of NASA/JPL/Caltech）

到了七月十六日當晚，天文學家親眼目睹了第一個碎核撞擊木星的那一刹那，地球上的觀測者成爲坐在戲院第一排的觀眾。儘管「舒—李九號」彗星撞擊的地點是在木星邊緣背對地球的一面，但是撞擊產生的巨大火球仍遠遠超出了木星的外緣，並且清晰到可以從地面天文台的觀測螢幕上看見，每一個碎片撞上木星所造成的能量釋放，比起任何一次人類曾經有過的核彈試爆都要壯觀（見圖二十四、二十五）。此外，撞擊產生的巨大黑斑，久久不散，有些大小相當於半個地球。在往後的幾個月裡，黑斑的形狀逐漸改變，提供了天文學家研究木星大氣環流的一個絕佳機會。

這次太陽系的奇觀，不僅是天文學家仔細研究的對象，也成爲地球上千百萬人注目的焦點。我還記得在那一週裡，中央大學天文台擁入了上千的民眾，透過望遠鏡和觀測攝影機，觀看木星。許多人好奇的問道：彗星撞木星的這次事件，對地球有沒有什麼影響？當然沒有影響！但如果有朝一日，彗星撞上的是地球，那就難說了……。

彗星引發大滅絕？

六千五百萬年以前，包括恐龍在內的大量動植物，在短短的一百萬年之間，相繼滅絕。近幾十年來，集合了天文學家、地質學家和古生物學家的研究，發現了許多證據，顯示那第五次生物大量滅絕的原因，很可能就是一顆「哈雷級」的彗星撞上了地球所致，造成了全球氣候和環境的劇烈變化，使得大至恐龍、小至海洋中的浮游生物，都無法存活。

更令人提心吊膽的是，科學家發現生物大量滅絕似乎有週期性，每隔一段時間就會發生一次，間隔大概是兩千六百萬年，恐龍滅絕是在六千五百萬年之前，也就是兩個半週期之前。如果這個週期眞正存在，下次生物滅絕來臨的時候就是現在開始算的一千三百萬年之後。

在七〇年代，有幾位天文學家針對這個可能的週期提出了一個有趣的理論，叫做「果報女神」（Nemesis）的假說。這個理論假設太陽有一個伴星，以兩千六百萬年的週期，沿著狹長的軌道環繞太陽運行，每次接近太陽的時候，就會對太陽系邊緣的彗星雲（comet cloud）產生牽引的作用，使得大量的彗星脫離原有軌道，奔向太陽系內部。彗星既然大舉來襲，地球挨上一個兩個，也就不足為奇了。在希臘神話裡，果報女神總是在生物繁衍到最茂盛的時候出現，然後毀掉一切，因此天文學家就給這個太陽伴星取名叫做「果報女神」。

這個理論很技巧地解釋了生物週期性滅絕的原因。然而在這個十分吸引人的理論提出來之後，天文學家花了很長的時間，使用望遠鏡搜尋，到今天都沒有找到任何可能的伴星。同樣的，生物滅絕是不是眞的會週期性地重複發生，也仍然是科學家爭論的一個課題。這些現象背後的原因，到今天還沒有一個定論。

不過話說回來，即使明天就有一顆「哈雷級」的彗星撞上地球，老天對人類也已經十分寬厚了。因爲在兩次毀滅性的撞擊之間，我們曾經有過六千五百萬年的時間，去繁衍我們的生命，豐富我們的生活。倒是我們人類應該好好審視自己，只不過在工業革命之後的短短兩三百年裡，就發明了足以毀滅地球幾十次的武器。相形之下，人類需要擔心的，倒不是哪天彗星會撞上地球，而是人類自己能不能和諧相處，好好地活到眞正需要擔心彗星來臨的那一天！

【注釋】

①敦促牛頓完成他的成名巨著《自然哲學的數學原理》（簡稱《原理》，Principia）的人，正是哈雷。因此，若說是哈雷幫忙開啓了工業革命的大門，也不爲過。請參閱《牛頓（上）——最後的巫師》與《牛頓（下）——科學第一人》（天下文化出版）。

②彗髮（coma）是彗核周圍由氣體和微塵組成的一層明亮的球狀雲。大多數彗髮是透明的，甚至微弱星光也能透射過去。

③一九八六年蘇俄研究哈雷彗星的兩艘太空船名爲VEGA1與VEGA2，但這個名字與織女星無關，它是Venera（俄文的金星，Venus）和Gallei（俄文的哈雷，Halley）的合字。這兩艘太空船先經過金星，放下探測子船，再往哈雷彗星奔去。

④後記：「羅瑟塔」任務因火箭故障，錯過發射窗口（launch window），於是另外選擇研究對象，而於二〇〇四年三月發射，預計二〇一四年抵達67P/Churyumov-Gerasimenko彗星。

⑤哈柏太空望遠鏡於一九九四年年初所拍攝的影像中，可以數出來的碎核就有二十一個，而當舒梅克夫婦和李維最初發現這顆彗星時，心裡想怎麼會有一個被壓扁的彗星？這二十一個碎片頭尾相連，看起來就像是夜空中的珠串。

第八章

火星水世界？

「火星發現大量水資源」的斗大標題，其實是跳躍式的思考，
會讓人誤以為火星上出現了長江大川，
讓我們能夠想像火星人
「六七人，浴乎沂，風乎舞雩，詠而歸」的景象！
其實，所謂「大量水資源」，仍只在偵測到間接證據的階段。

這幾年，幾乎人人都能感受到全球氣候變遷的威脅，就拿今年（二〇〇二年）上半年來說，台灣的桃、竹、苗三個地區紛紛發出缺水警報，幾乎連續兩三個月沒下雨，水庫也早已低過警戒線了。然而，在二〇〇二年三月三日本地新聞媒體頭版頭條出現了一個看起來很聳動的標題：「火星發現大量水資源」，是編譯自美國航太總署舉行記者會所公布的重大發現。在這個限水和休耕的非常時期，這樣的頭版標題，的確能吸引讀者目光，然而這則報導由科學的角度來看，似乎有點言過其實，因爲它不算是一個全新的發現，而只是一項研究的持續發展，是一個研究進程裡的階段性結果！

看見冰山的一角

這個發現是由「二〇〇一火星漫遊者號」（2001 Mars Odyssey，見彩圖14）這艘太空船所觀測到的，它的名字來自大導演庫柏力克（Stanley Kubrick, 1928-1999）與科幻小說作家克拉克合作的科幻經典名片「二〇〇一：太空漫遊」（請參考第四章〈發現計畫〉注釋④）。這艘以火星爲目標的行星際探測太空船，是在二〇〇一年四月七日發射升空，經過了半年旅程後，在同年十月二十四日，順利進入了火星的軌道（見圖二十六）。我想，那一陣子美國航太總署一定非常緊張，因爲前不久的火星任務曾出過好幾次問題，在一九九九年還犧牲了兩艘太空船。

漫遊者號從遠遠的地方朝著火星奔去，一進入了火星的重力場之後，運行的軌道就被火星的重力拉彎了，雖然終究是繞了火星一圈回來，但卻繞了一個大圈，形成了一個大橢圓形的飛行路線，而橢圓的焦點之一正是火星。儘管火星表面的大氣稀薄，但空氣阻力還是存在的，仍有減速作用，當太空船高速穿越火星大氣時，火星的稀薄大氣還是減慢了它的飛行速度，使得它沒有足夠速度沿著原先的橢圓軌道前進，因此，漫遊者號的橢圓路線會漸漸「修正」成圓形，這個過程叫做「空氣煞車」（air braking），就是利用火星的大氣來煞車。待太空船繞火星的圓形軌道穩定了後①，地面上的科學家就可以開始對火星表面進行各項觀測計畫。

火星漫遊者號攜帶了許多儀器，不斷地把觀測火星的結果傳回地球。這些儀

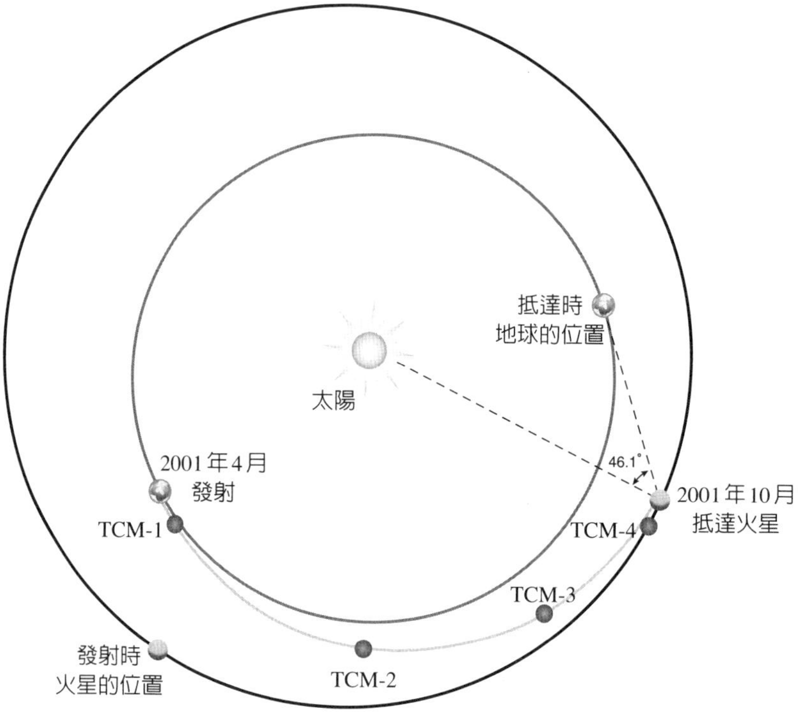

圖二十六　「2001火星漫遊者號」在行星際（interplanetary）飛行的軌道。

器比起以前使用的，無論是解析率或靈敏度，都要好上十倍到三十倍，使得每次偵測火星都有新發現。這次漫遊者號計畫的主持人，同時也是NASA噴射推進實驗室（JPL）的科學家桑德斯（Steve Saunders）宣稱，由漫遊者號傳回來的數據，品質良好，畫面清晰，資料好得讓人驚訝，並且，奠基於過去任務的成果，他們將把資訊進一步疊加；以前的觀測成果只是間接地去猜測水的存在與否，而現在漫遊者號可以「直接」看到水了，「以前火星上有水的說法，是猜測的，但現在我們是眞的看到水了！」然而，實際說來，所謂「直接」，是科學家邏輯裡的直接，水存在的證據其實是間接而又間接的，稍後待我詳細說明。

NASA整體火星計畫的負責人，也是火星探測計畫②的首席科學家蓋文（Jim Garvin）更是喜悅不已，「漫遊者號目前的最初發現，只是冰山的最頂端（tip of the iceberg）而已！」他信心滿滿地說，並認爲更豐富的科學成果就要呼之欲出。他的話其實是個雙關語，因爲漫遊者號目前的任務正是尋找火星上水（或者是冰）的存在，一旦有水，就有機會能驗證火星上是否（曾）有生物活動了。我們現在就來談談，NASA到底從漫遊者號看到了什麼。

氫原子存在的間接證據

一九九九年，火星全球測量者號曾拍攝了火星的紅外線影像，爲的是研究火星表面的礦物組成，以揭露火星的地質歷史。而今日火星漫遊者號上裝設的熱輻射影像系統③，在日夜拍攝到的紅外線影像，遠比二、三年前清晰了三十倍，不只增加了資料的準確度，可見光影像更填補了全球測量者號在解析率上的缺陷。（見彩圖15）

此外，漫遊者號還新增加了一套裝置——γ射線光譜儀，以及高能量中子偵測器和中子光譜儀④，用來偵測含氫的區域，爲的就是尋找水或冰的存在，因爲水分子是由兩個氫原子、一個氧原子組成的。從傳回地球的影像裡，我們可以看到火星的南極有著一大塊湛藍色的極冠（ice cap），或稱爲冰帽（見彩圖16）。在今天之前，我們都告訴學生火星南極的組成物質除了石塊和土壤，就是固態的二氧化碳，也就是乾冰。冰帽在火星南半球的冬夏兩季會有不同的大小，夏天冰帽會縮小，冬天就擴大，這起因於大氣層裡氣態的二氧化碳和冰帽裡固態二氧化碳互相循環的過程；夏天氣溫上升，冰帽裡的乾冰會昇華至大氣中，冰帽面積縮小，冬天反之。但現在發現冰帽裡除了二氧化碳外，還蘊含了大量的氫，這顯示了火星南極有大量結晶水（冰）的可能。

NASA之所以能聲稱偵測到了氫原子，靠的便是偵測中子的儀器和γ射線光譜儀，但這些儀器不是直接偵測到氫原子的，還需宇宙射線及γ射線助它一臂之力。

火星表面不斷地受到宇宙射線的撞擊，而火星表面除了乾冰外，還有土壤、石塊等，裡面蘊藏許多像是鐵、矽等重元素，它們的原子核裡有許多中子和質子，若宇宙射線剛好把原子核打碎的話，會把裡頭的中子釋放出來。中子剛釋放出來的速度是很快的，但假若中子撞到了氫原子，中子的速度會有效地減慢，因爲氫原子核（也就是質子）的質量和中子不相上下。兩個質量相似的粒子碰撞，能量可以做最有效的轉移，反之則否。例如拿一個網球去撞籃球，網球會彈回來，拿一個籃球去撞網球，籃球幾乎仍然以原速前進。在這兩個例子中，去撞別人的球其能量大小都沒有什麼改變。因此，如果有較低密度的超熱中子，便可以推論附近有氫原子，因爲碰撞後超熱中子速度降低，不再「超熱」。依照這樣的推導過程，大家應該很容易了解，爲什麼我說NASA的證據是相當間接的了。

除了中子外，γ射線也是NASA科學家偵測到的證據。γ射線是電磁波段裡能量最強的。宇宙射線打中火星表面的元素所射出來的中子，若撞擊到周圍的其他元素，也會釋放出γ射線，而分析這些γ射線，發現它們所對應的波長，是來自氫原子。因此，NASA科學家不但偵測到了南極地區超熱中子的密度較低，中子的速度大幅減緩，也發現了由氫原子所激發出來的γ射線。

未解的疑問

我們或許會問，難道除了氫原子，其他的元素都沒辦法減低熱中子的速度嗎？我們知道，氫原子是目前發現最能有效減低中子速度、在宇宙中含量又最豐富的元素。有一個例子可以做說明：許多核電廠利用大量的水，來迅速減慢從核心射出來的高速中子，有些甚至使用重水⑤，就更能有效地把中子速度減慢。因此，氫原子在這個過程中擔任了重要的緩衝劑（moderator）的角色。當然，別的元素或許也有氫原子的效用，但那些較稀有元素是不是具備了足夠的含量，能使大量中子變慢，在目前看來似乎是不可能的，這也是NASA科學家目前能信心滿滿地說火星南極除了石塊、土壤、乾冰之外，還有大量冰的緣故了。

但有一點必須考量的，即使能證明火星南極的確含有大量氫原子，又怎能確定氫原子是從冰塊和水來的？火星環境的大氣壓力薄弱，不比地球有一個大氣壓能使地球上的水不致快速蒸發。液態水在大氣壓力小的環境下，沸點低，容易蒸發，好像我和學生在鹿林山（海拔不過兩千八百多公尺）上煮飯，大氣壓力才打折不到七成，米飯就不容易熟的道理是一樣的。而且火星的表面溫度低，若有水分布，也是以冰的狀態存在；到了夏季溫度升高，稀薄的大氣還是無法「封鎖」住水蒸汽，要能涵養水源、進而滋育生物，仍是困難萬分。

然而我在這裡要特別強調，儘管尚有許多疑問還未得到解釋，我仍相信這則新聞會繼續發展出更有意義的後續話題，我也滿心期待它將來的發展。

報導科學新聞的態度

每當NASA發布新聞稿、召開記者會宣布消息，不外乎是要發表具備新聞價值或是有所謂重大里程碑的發現，但我們還是可以由兩個層面來看這件事：第一，確實是在科學發展上有意義的重大發現；第二，NASA必須常常發布「重要」的結果，才能持續得到輿論和國會的支持，也正是由於這個目的，NASA有時必須把這些發現包裝得像是石破天驚的大新聞，使美國民眾相信，NASA拿納稅人的錢是真的在做事，總是不斷有重要的發現出爐。舉個例子，我們曾聽到NASA發布消息——在太陽系外發現了一顆新的行星，這樣的新聞在過去三、四年不斷出現，然而每一次NASA都處理得像是第一次發現時那麼重要！事實上，從一九九五年開始，至今已經發現了九十顆太陽系外的行星⑥了！

儘管如此，相較於台灣報紙頭版標題的信誓旦旦，NASA發布的消息已多所保留。他們所發布的新聞稿標題是：「NASA火星漫遊者號太空船揭露初期科學成果」，並謹慎地提到：「這些初步發現顯示出火星南極表面幾英尺深的範圍內，有氫原子存在的可能。這個發現仍有待未來幾個月進一步的分析與勘查，才能獲得更多定量的估計，也才得以做出更精煉的解釋。」這原是一則有新聞性、卻溫和而沒有爭議的科學新聞，但在本地媒體的處理下，卻變得如此聳動，甚至有點讓人摸不著頭腦。譬如說，「火星發現大量水資源」的斗大標題，其實是跳躍式的思考，再配上火星南極一汪湛藍的湖泊（其實只是電腦假色標出來的中子區域），眞的會讓人誤以爲火星上出現了長江大川，讓我們能夠想像火星人「六七人，浴乎沂，風乎舞雩，詠而歸」的景象！其實，所謂「大量水資源」，只是意指偵測到了「可能是大量氫原子」的間接證據。這倒有點像世界級的骨牌比賽。

骨牌大賽裡，一定是第一片骨牌倒下後，引發第二片、第三片骨牌倒下，然後就像電流流竄一樣，一片片骨牌應聲而倒，其中一片推開了一扇門，門撞到了棒子，棒子敲到了鐘，鐘內的報時咕咕雞點燃了蠟燭，燒斷了綁了把斧頭的棉線，結果斧頭落下來砍斷一根樹枝。若我們只見到斧頭砍斷樹枝的畫面，合理的推論會以爲是肇因於第一片骨牌的傾倒，卻忽略了貓咪追著紙團兒、絆倒了中間骨牌的可能性。在這個例子裡，第一片骨牌就相當於「大量水資源」的大膽結論，實際上我們只不過看到一根被砍斷了的樹枝罷了。要想驗證自己的推論是否正確，必須追本溯源、順藤摸瓜，一路找到燒斷了的棉線、點殘了的蠟燭，和倒在地上的棒子……。要能像西諺所云，找到那支「還在冒煙的槍」（a smoking gun，喻證據確鑿），才能百分之百的確定兇手是誰。

本地媒體普遍引用的那幀特意放大的「超熱中子分布圖」（彩圖16），旁邊的圖說，甚至會混淆有些科學背景的人。上頭是這樣寫的：「照片中火星的南極成深藍色，航太總署從該處測得低密度的超熱中子，顯示土壤中富含氫……」大家多少都曉得，氫是一個人吃飽了全家不餓，原子核裡只有一個質子，根本沒有中子存在，如何能從「低密度超熱中子」推論到「土壤中富含氫」？對很多人來說，這是很令人迷惑的說法，連我初看時都弄糊塗了！

由因推及果，是不能省略一連串重要的科學論點的，尤其是針對一般讀者所報導的科學新聞，拿捏的標準是很困難，必須小心不應把它過分簡單化，以致產生誤導。當然，目前NASA的發現只是個開始，漫遊者號才剛進入火星軌道，獲得了初期的觀測結果，而這些結果非常重要！我在這兒只特別謹慎地強調科學新聞的處理方式，讀者可別因此而對這項火星發現的價值大打折扣了。

【注釋】

① 這並不是說橢圓形軌道一旦被大氣修正成圓形後，衛星就不會再受空氣阻力的影響，事實上，大氣使得衛星軌道降低的影響是一直存在的，稱做軌道衰變（orbit decay），就像地球的低軌道衛星，因爲不斷和大氣分子碰撞，衛星的公轉速度會逐漸減慢，高度就會一點點往下掉，愈掉愈低，進入到比較濃密的大氣層，衛星就會被燒掉，所以預防衛星快速「墜落」的課題是很重要的。但這和我們第三章曾經談過的星輝一號、星輝二號、星輝三號不同，它們的目的就是要被燒毀，是專門用來測試大氣對衛星運行所造成的阻滯效應。反過來說，要使太空船從圓形軌道發展爲橢圓形，最終離開行星的重力場，也不是沒有辦法，可以利用太空船上的小火箭（一般稱做 Apogee Kick Motor, AKM），來改變太空船行

進方向。

② 二〇〇一年發射的火星漫遊者號，只是整個探測火星大計畫中的其中之一。火星探測計畫（Mars Exploration Program）包括三個進程：近天體探測飛行（過去）、軌道飛行（現在）與表面探勘（未來）。從一九六四年起，陸續有水手號（Mariner）、維京人號（Viking）、拓荒者號（Pathfinder）等探測火星計畫。目前在環繞火星軌道中的太空船是火星全球測量者號（Mars Global Surveyor），以及二〇〇一火星漫遊者號。

③ 熱輻射影像系統（THermal EMission Imaging System），簡稱THEMIS，與希臘神話中掌管神祇法律和正義的女神忒彌斯（Themis）同名。

④ γ射線光譜儀（Gamma-ray spectrometer）；高能量中子偵測器（high energy neutron detector）；中子光譜儀（neutron spectrometer）。

⑤ 重水（heavy water）的分子量比普通水還重，物理性質也和普通水不同。一個重水分子中的兩個氫原子不是一般的氫原子，而是氫的同位素，氘或氚。氧化氘重水常用於熱核武器或熱核反應。

⑥ 後記：請見第四章注釋⑦

第九章

掀起火星蓋頭來

原來，火星是個又冷又乾的星體，
沒有樹木、沒有綠洲、沒有運河、更沒有火星人，
即使有大氣，也稀薄得幾乎等於零；
地球人與火星人的「世界大戰」，
只是沒有事實根據的科幻玄想罷了！

前一篇的〈火星水世界〉主要談的是研究火星的新發現，以及媒體對這個新發現的報導態度。我無意對「二〇〇一火星漫遊者號」及其研究成果有任何貶低的含意，相反地，我認爲探索火星的計畫是很值得全人類持續關注的課題。從一百多年前的以訛傳訛，到今天「火星漫遊者號」不斷傳回來的清晰畫面，火星一直都吸引著人類的目光。到底這顆紅色行星有何種特質，能讓地球上的男男女女、老老少少爲之著迷，還在科學界與傳媒間引起軒然大波？我想趁著「冰山一角」的話題仍在發燒之際，就按部就班地整理一下火星從過去到現在的探索歷史。

火星人的運河？

早在一八七七年，義大利的天文學家夏帕雷利（Giovanni Virginio Schiaparelli, 1835-1910）在對火星下了多年觀測工夫後，畫出了一張包含有一百一十三條「河道」（他引用的義大利文canali，原意爲自然的河道）的火星地圖，因爲他觀測到了許許多多狀似河道的線條。canali若要翻譯成英文，應該是channel（溝渠、河床之意）才正確，但這個義大利字傳到了美國之後，卻被翻譯成canal（人工開鑿的運河），從此美國人開始接觸到「火星上有運河」說法。但眞正把這個謬誤發揚光大的，是美國人羅爾（Percival Lowell, 1855-1916）。

一八九三年，羅爾在亞利桑納州北部的旗杆鎮（Flagstaff），也就是有名的大峽谷附近，自掏腰包蓋了一座羅爾天文台，並利用自己的天文設備仔細研究行星。從那個時候開始，羅爾漸漸對火星產生興趣，甚至在多年觀測後發表了「火星運河圖」，其中畫了多達五百條以上的「運河」，他並聲稱這些縱橫交錯的運河就是火星人所開鑿的！既然身爲「科學家」，羅爾在他三本關於火星的著作①中解釋道：「火星世界正遭逢前所未有的乾旱，因此火星人開鑿了運河，要把南極冰帽的水汲引到『綠洲』去灌溉。」羅爾甚至在書中的結論裡義正辭嚴地說：「看這些運河是如此井井有條，可見治理火星的政府是個高度有效率的政府！」

由於羅爾的倡導，二十世紀初的人們相信火星和地球差不多，是個溫暖、潮溼、青蔥翠綠的行星。以現在的眼光來看，火星不是紅色的嗎？怎麼會以爲火星上分布有綠洲？原來火星的紅色看起來不很均勻，有些地方很亮、有的地方很暗，因此相比之下，就有人把暗紅色的區域解讀成是深綠色的綠洲了。從此，這種編織成美好畫面的火星，就一直存留在人們的印象之中。（見彩圖17）

一九三八年，一位知名的廣播主持人威爾思②在他執導、扮演的廣播劇——「世界大戰」③中，炒熱了眞有火星人存在的話題，乃因廣播劇的內容就是邪惡的火星人跑到地球上的幻想故事。這樣的情節對當時的人們而言是很能產生共鳴的，因爲火星上既然有綠洲、有運河、有灌溉區，爲何不能有好戰的火星人？因此在一九三〇年代，許多電台的聽眾都相信眞的有火星人存在，甚至許多科學家在過去的幾十年間，也都討論過火星上可能存在有人類難以想像的生命這樣的說法。

高潮迭起

一直到一九六〇年代，NASA的水手系列任務（Mariner Mission）如火如荼展開，在當時能把太空船送上天就不錯的時代，水手系列太空船紛紛向著水星、金星與火星飛去，終於在一九六五年從距離火星將近一萬公里的軌道上，拍攝到火星表面，並把畫面傳回地球。畫面上的火星荒如礫漠，點綴著零星的隕石坑和火山口（見圖二十七），溫度比地球上的南極還低，溼度也比非洲的撒哈拉沙漠還乾燥，當時的人們對火星的幻想眼睜睜破滅，不免大失所望。原來火星是個又冷又乾的星體，沒有樹木、沒有綠洲、沒

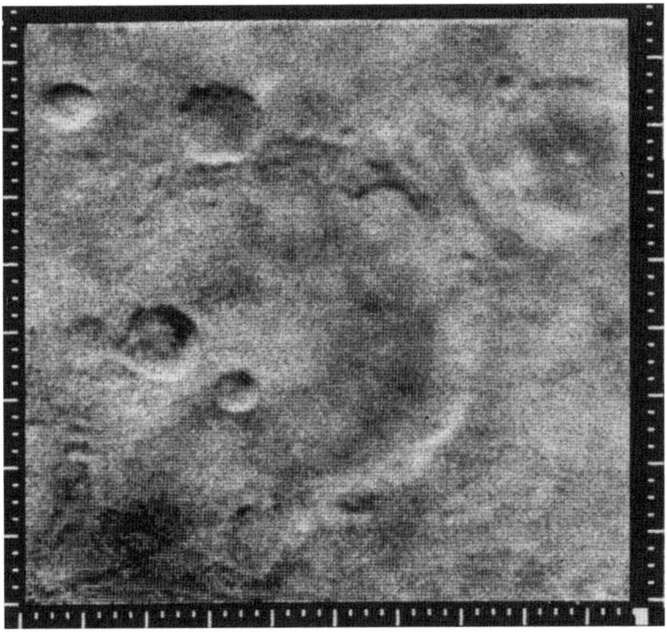

圖二十七　水手隕石坑（Mariner Crater）。這個名字來自第一艘對火星近距離探測的「水手四號」太空船，拍攝時間為1965年12月。（Courtesy of NASA/JPL/Caltech）

圖二十八　第一幀自火星表面拍攝到的照片，是「維京人一號」降落至火星表面數分鐘後所拍攝的。（Courtesy of NASA/JPL/Caltech）

有運河、更沒有火星人，即使有大氣，也稀薄得幾乎等於零；威爾思廣播裡的地球人與火星人的「世界大戰」，只是沒有事實根據的科幻玄想罷了！

水手系列任務之後，「維京人一號」和「維京人二號」④在七〇年代後半到八〇年代初期（1975-1982），曾先後在一年內從環繞火星的軌道上拋下子船，順利著陸於火星表面，目的是蒐集火星表面的資訊（見圖二十八），其中「維京人一號」子船共效力了六年、「維京人二號」子船則賣命了四年的時間。在分析從這兩艘維京人子船傳回來的資料後，科學家終於對火星有了更深一層的了解，然而也產生了新的成見。

這個成見始於NASA所發布的新聞稿，因爲他們在新聞稿裡使用 paradigm 這個字。Paradigm 乃「典範」、「規範」之意，但是它其實有負面的意思，若用在科學研究中，paradigm 是指一個現象經過許多人研究、實驗後，得到一個確定的、「神聖的」結論，使得大家不敢輕易觸碰，變成了一個「不可侵犯的學說」。因此，若在科學範疇中提到某項事物是paradigm的話，則可能有反諷的意味，暗示它是大家不敢去碰的、經典的想法或理論。

NASA的新聞稿裡說，從過去的水手系列任務到維京人號太空船傳回來的訊息，讓我們產生一個「典範式」的思考，認爲火星曾經是個潮溼的行星，因爲表面布滿細細的河床遺跡（但這不是當年羅爾所看見的運河，因爲用二十世紀初的地面望遠鏡無法窺見這麼細小的河床），證實了火星在過去曾有一段相當長的時間是溫暖而潮溼的，可能含有豐富的水才能切割出河床來，甚至還有湖泊和大峽谷（見彩圖18），只是後來發生了謎一樣的事件，造成現在的火星又乾又冷。以下我們要描述的，就是NASA最近對火星的觀測，是如何打破了這個「典範式」的思考。

「猿面山」現形記

就像剛剛我們提到羅爾觀測到的運河和火星表面的細小河床，一個現象的觀測，透過不同的儀器或方法可能會產生不同的結果，這就是實驗科學的吊詭——我們希望用某個觀測方法獲得眞實的結果，但無可避免的，我們所使用的方法有可能影響眞實的面貌。我再舉個簡單例子，早期我們在觀測遙遠的活躍星系與類星體的高能輻射時，用的是安裝在環繞地球的太空船上的X射線望遠鏡（避免大氣吸收X射線）。這種早期的望遠鏡非常粗糙，一開始我們得到的X射線輻射結果非常簡單，只有幾個點，用一個簡單的指數率即可擬合（fitting），於是科學家就針對指數率的性質大作文章。但後來有了更新更好的望遠鏡，才發現活躍星系的X射線輻射非常複雜，根本就不是一個簡單的指數率所能描述！

另一個大家熟知的例子，就是火星的「猿面山」。在一九七〇年代末、八〇年代初，「維京人一號」在替「維京人二號」找尋降落地點時，拍攝到了火星表面看起來像是一張臉的畫面，有人說像人猿，有人說像耶穌（表示這兩者長得相像麼？）到了一九九七年九月，NASA的「火星全球測量者號」環繞著火星轉時，第一個目標就是拍攝「猿面山」。若是把「維京人一號」和「全球測量者號」在二〇〇一年拍攝到的畫面相比的話，「猿面山」的神話立刻不攻自破；「全球測量者號」的解析率在「維京人一號」的十倍以上，科技的進步讓「猿面山」現出原形，原來讓人津津樂道的詭異圖案只不過是一座天然的石頭山罷了！（見圖二十九與圖三十）

還記得NASA在當年發布的新聞稿下方放了兩幅漫畫，一幅畫的是兩名火星太空人站在「猿面山」前面，手裡拿著觀光手冊；另一幅則是「猿面山」的登山健行路線圖，底下還特別標注一行字：「千萬記得多帶水和氧氣！」不過，換個方向思考，假設未來哪天「火星全球測量者號」的照相儀器解析率提得更高，說不定拍攝到的更精細畫面顯示，「猿面山」的山腰上有個山洞，山洞裡還居住著火星人哩！

回頭想想，過去十幾二十年前利用簡單的科學儀器所得出的簡單結論，以今日的眼光來看是非常荒謬的，有些幾乎完全錯誤，但我們不可否認它們的價值，

圖二十九　「維京人一號」於1976年7月25日所拍攝的「猿面山」。
（Courtesy of NASA/JPL/Caltech）

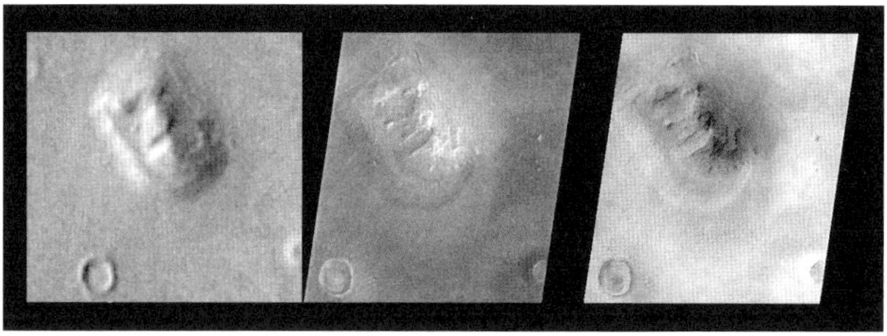

圖三十　將「維京人一號」所拍攝最清晰的「猿面山」照片放大後（左），與「火星全球測量者號」所拍攝的照片（中、右）相比較。
（Courtesy of NASA/JPL/Caltech）

因爲它們扮演的角色是科學發展的踏腳石，讓後人得以踩著它們一步步慢慢前進。然而，天文觀測裡有一個最終極、最深沈的悲哀，那就是我們永遠無法製造出具有無限解析率的光譜儀、可以觀測出事物的「眞正」本質，因爲無論再怎麼精細，觀測儀器總是有極限的，所以天文學家僅能用現有儀器設法分析天體的本質究竟是什麼。

火星任務露出曙光

從水手系列到維京人號任務之後，美國的火星探測任務沈寂了很長的一段時間。這期間蘇俄也曾在一九八八年發射兩艘太空船「佛伯斯一號」、「佛伯斯二號」⑤，但這兩艘太空船連火星都還沒到，就一前一後倒斃在途中。到了一九九二年，美國發射了「火星觀測者號」（Mars Observer），但在進入火星軌道的那一刹那，與地面通訊中斷，終告失敗。一直要到一九九七年，美國才再次發射太空船「火星拓荒者號」，順利降落火星表面，釋放出一輛小車子「逗留者號」在火星表面到處亂跑（見第四章〈發現計畫〉）。同年九月，「火星全球測量者號」

也成功進入火星軌道，因此，嚴格說來，從一九七六年之後將近隔了二十年的時間，人類才再次成功地探訪火星。

爲什麼造訪火星的計畫會暫時停頓呢？據我了解，美國的科學家覺得探索火星的任務無需這麼急切，因此把重心都集中在太空梭的發展上，花費了許多經費和人力。太空梭的任務告一段落之後，又需要一個相當大的計畫，繼續維持經費的水準，因此重心又轉移至國際太空站的建造。幾個太空梭和國際太空站的發展，把每一年大部分的太空研究預算都占了去。直到ＮＡＳＡ的新署長戈爾丁（Daniel S. Goldin）在一九九二年上任以來，鼓吹「快、好、省」的太空計畫之後，火星才又受到地球人的青睞，重新成爲大眾甚至媒體注目的焦點。（這個像是小家電廣告口號的計畫，請參見第四章〈發現計畫〉。）

洪水爆發之謎

因爲科技與政策的限制，幾十年來火星探測計畫所揭露的火星面貌一直給予世人一個朦朧的印象，直到近年來對這顆紅色行星的認識才有了穩定的進展，每隔一小段時間，就會看到NASA發布令人振奮的消息。我們就來談談新世紀呈現在我們眼前的火星是怎樣一個面貌。

從前我們對火星的了解，多以爲火星過去是溫暖而潮溼的，然後在幾億年甚至一、二十億年前，火星表面的水突然消失，才會造成又乾又冷的表面。然而，NASA噴射推進實驗室（JPL）的科學家最近卻有了新的發現。根據他們的說法，火星上的水現在雖看不見，但這些水可能沒有走遠，很有可能就在地底下不遠的地方；曾經切割過火星表面、造成峽谷與水溝的水，可能一直到「最近」仍在火星上流動，而非幾億、幾十億年前就從表面消失殆盡。

根據對極冠（冰帽）的長期監測，JPL科學家發現極冠的高低變化很大。若是因爲二氧化碳與乾冰的循環作用的話，可能不要幾百年，極冠的大小就會變成原來的一半，相當多的二氧化碳會釋放出來，充塞在火星的大氣裡，就能產生足夠的大氣壓，使表面的水維持液態。若上述的說法屬實，那麼火星絕不是現在看起來這個樣子，也就是說，當火星的大氣能因二氧化碳的釋放使大氣壓達到三、四十毫巴（地球大氣壓約一千毫巴）的話，就足以讓液態水存在於火星表面了。

那麼曾經在火星上流動的水跑到哪裡了呢？為了化解前述的矛盾，JPL科學家提出了水不是以液態、而是以冰的形式存在於火星表面的假設。他們認為火星極冠上方覆著的是二氧化碳的乾冰，底下卻是固態的水，倘若這些科學家的假設是正確的，那麼就很精彩了，表示火星上含有大量水資源，正等著地球人上去設立一個「火星水資源管理局」哩！

除了推測火星極冠之下有大量冰之外，我們從「火星全球測量者號」上的照相機傳回來的圖片中也可以看到許多被水侵蝕的痕跡，像是細長的峽谷或排水溝（gully）、甚至類似沖積平原的地表構造。另外，從火星表面的照片也可以發現山丘上有水往下沖刷的痕跡。為什麼會有這些侵蝕構造呢？（見彩圖19）

根據JPL科學家的解讀，每當火星表面溫度回暖時（夏季正午的赤道溫度可到達攝氏二十度），山頭上偶爾會爆發一道洪水，如水壩崩塌般大量的水沿著山坡往下沖，便會「刻蝕」出一條條的侵蝕谷與排水溝，然後向下沖刷出廣大的沖積平原來，接著，不論是向下滲透或蒸發，洪水突然消失。這種驟然爆發的洪水，在過去的幾個世紀裡可能經常出現，因爲這些細緻的、「加工過的排水溝」（filagreed gully）邊緣非常鋒利，看得出來是最近才切割成型的，不然邊緣會變得比較圓鈍、平坦，因爲愈細緻的構造愈不耐歲月的磨耗。

倘若火星表面的侵蝕構造眞如JPL科學家所推測的是因爲不時而降的洪水的話，或許我們可以期待不久的將來能親見火星上洪水爆發、沖刷下斜坡的壯觀畫面。比起之前只發現大量氫原子的消息與間接推論，這三不五時的洪水爆發奇景，多令人興奮，也開啓許多想像的空間，或許往後這部高解析率照相機還可能拍到火星人划著木筏逃難的畫面呢！

朝聞道，夕死可矣

JPL科學家之所以能大膽假設火星上有間歇性洪水，除了靠「火星全球漫遊者號」對火星全球拍攝的一系列精密地形照片外，更利用「火星全球測量者號」測量了火星表面的高度變化（尤其是極冠地區），追蹤的時間從一九九九年開始、長達二十七個月，超越了一個火星年⑥。

我在這裡插入一個題外話，當年發現「猿面山」原來只是一堆怪石嶙峋的太空船，正是這艘「火星全球測量者號」。從「猿面山」的杯弓蛇影到釐清事實眞相，NASA科學家共花了將近二十年的光陰才解開這個「終極謎團」。我想這些科學家（尤其是研究火星的）當年心裡一定在想：要是能馬上給我一艘萬能太空船、外加幾分鐘時間，讓我飛到火星表面上看一看這個「猿面山」的廬山眞面目，那我也就心滿意足了！其實，不只是做天文研究的，各個領域的科學家一定也曾冒出這種念頭，希望能克服現實的障礙，直接窺探到事實的眞相，那該有多好！

有人曾問我，天文的觀測工作這麼耗費時日，那麼天文學家是不是個個都想益壽延年？這個聯想很有趣，但是人再怎麼長壽，也長不過多數天體的壽命。相反地，天文學家大多抱著「朝聞道，夕死可矣」的想法，我就曾聽過自己的指導教授語重心長地說出他的心聲。

當時我還是加州大學的研究生，在一次去北加州里克天文台（Lick Observatory）做觀測時，和指導教授一起吃晚飯，邊吃邊討論我們觀測的天體

——宇宙邊緣的活躍星系與類星體，這些遙遠的天體其實都是大星系。我們觀測這些天體的光譜與光度變化，爲它們建立理論模型，描述這些星系中央有個大黑洞，不斷吞噬周遭的物質，在物質掉入黑洞的過程中形成一個盤狀構造，即是所謂的黑洞吸積盤（black hole accretion disk）。談到這裡，我的老師深深感慨地說：「只要給我十秒鐘，讓我能到這些星系核心旁邊，瞧一瞧這個我們畢生所做的研究到底是對是錯，我就死而無憾了……」

聖經裡的約櫃

火星探索任務在美國航空暨太空總署裡是早已規劃好的完整分支，裡頭的每一個任務都是依照事先規劃的藍圖按部就班在進行，大體上是每兩年發射一艘太空船往火星飛去。因爲有詳細、周延的計畫，又有充足經費做後盾，這顆目前認爲在太陽系裡最可能有生命存在的星球的探索任務，才能持續幾十年不間斷，甚至在二十一世紀探測到火星上有水的間接證據。

ＮＡＳＡ科學家目前正全力找尋液態水的存在，緊張刺激的氣氛難以形容，我們從他們釋出的訊息就可見一斑：若我們哪天在火星表層下確實找到了保存良好的液態水的話，就等於是在火星研究的領域裡找到了聖經中的約櫃⑦！

【注釋】

① 這三本著作分別是：*Mars* (1895)、*Mars and Its Canals* (1906)、以及 *Mars As the Abode of Life* (1908)。

② 威爾思（Orson Welles, 1915-1985），美國著名演員、導演與廣播人，他所執導的第一部電影「大國民」（Citizen Kane, 1941）在影史上被不少影評人公認爲最偉大的三部影片之一。

③ 「世界大戰」由喻爲現代科幻小說之父的威爾斯（H. G. Wells, 1866-1946）所著的《世界大戰》（*The War of the Worlds*）改編而成。威爾斯另著有《隱形人》（*The Invisible Man*）、《時光機器》（*The Time Machine*）等家喻户曉的科幻小說。

④「維京人一號」（Viking 1）、「維京人二號」（Viking 2），昔日稱爲「海盜一號」、「海盜二號」。

⑤「佛伯斯一號」（Phobos I）、「佛伯斯二號」（Phobos II），佛伯斯指的是火衛一 Phobos。

⑥我曾經問學生：「地球繞太陽一圈是一個地球年，那麼火星繞太陽一圈是多少年？」學生很有自信的回答：「當然是一個火星年囉！」這答案當然沒錯，但是一火星年到底有多久？一火星年相當於一．八八個地球年。

⑦根據舊約記載，摩西在臨終前依照上帝的指示，將十誡放至於約櫃內，他的助手約書亞，就帶領著約書猶太人的十二支派，進入上帝賜給他們的土地。約櫃本身是長方形的箱子，用皂莢木造成。裡外包金，四圍鑲金牙邊，櫃腳有四個金環，以便搬運，環內穿有金杠，以便扛抬。神所賜摩西的法版（十誡）放在約櫃內，故稱爲「法櫃」。以色列人將此櫃當做世界上最神秘、最聖潔的物件。

第十章

搜尋外星生命

我們發現雜訊最低的波段就落在1GHz到3GHz到之間，
看起來就像一個微波的通訊窗口。
假若某種外星生物的智慧、能力和技術
真的與人類相當或更高的話，
應該也會選擇這段窗口來通訊……

自有人類以來，人們仰首夜空，總是看到天上的萬千星點，閃閃發光。在我們知道了這些天體和我們的太陽一樣屬於恆星之後，難免會想知道太陽系之外是否也有其他類似地球的行星？這些行星系統是不是也發展出和地球一樣適合生物居住的環境？而這些星體上是不是也居住著和我們一樣有智慧的生命？（見彩圖20）

我個人認爲，尋找外星生命的領域，是到目前爲止公共宣傳做得最大、大眾興趣被提得最高、但科學發現獲得最少的一個計畫，然而就是因爲大眾的興致持續發燒，使這個計畫得以永續進行而不中斷。話說回來，尋找外星生命的課題的確値得探索，因爲人類的科學與文明既已發展至此，的確需要開始了解外面的世界、試著去找尋宇宙別處是否也有類似的生命存在。

剛才我們提到，尋找外星生命是大眾興趣最高昂、但科學進展最緩慢的課題，然而我希望這段話不會帶給讀者負面的印象，因爲搜尋地外生命的過程是很辛苦而繁瑣的，所耗費的時間和精力，到目前爲止還是無法與獲得的結果相提並論。在幾個太空先進國家中，譬如美國，政府方面所提供的經費，甚至不足以支持研究團隊在短時間內就最基本的問題找出明確的答案——到底有或沒有。

SETI計畫

美國的尋找外星生命計畫簡稱SETI（The Search for ExtraTerrestrial Intelligence），其中extraterrestrial是「地外」（地球以外）之意（大導演史蒂芬．史匹柏的成名電影「外星人」（ET）就是取名自此），所以SETI的全名翻譯成中文就是「搜尋地外智慧生命」。這個計畫在一九六〇年代初甫發展以來，旋即受到歡迎，而NASA也在六〇年代末、七〇年代初加入SETI計畫的搜尋研究。

要在一開始就把這個計畫的規模做得很大，其實是很困難的，因爲得先找出搜尋的方法來，總不可能拿著可見光望遠鏡對著茫茫天際漫無目的找外星人吧。所以，最簡單的辦法，是在電磁輻射光譜裡挑出最不受宇宙灰塵雲氣影響的波段，試著去攔截外星生物對四面八方通訊時所發出的輻射。因爲科學家知道，無線電波在宇宙中幾乎穿行無阻、無遠弗屆，不會受到宇宙灰塵和雲氣的干擾或吸收，若外星生物眞有智慧，應該會採用無線電波做爲通訊的媒介。於是在一九六〇年代末、七〇年代初期SETI計畫初始之時，科學家便鎖定無線電波爲觀測波段，並架起巨型天線朝向天空，希望能偵測到在非自然環境下產生的無線電波。

經過近二、三十年的努力，SETI計畫並沒有得到正面和具體的成果，因此美國國會在一九九四年終止了NASA對SETI計畫的支持，這對SETI的科學家來說，並不盡公平。倘若SETI要把整個天空的所有方向、針對所有電波頻率做全天候搜尋的話，就算只搜尋一遍，以目前的規模也需要大約八萬年的時間，因此，從六〇年代算起到現在的四十年，根本只夠搜尋一小片天空而已，偵測過的恆星，也只是恆河沙數的幾億分之一，要找到外星生物的蹤跡，機率並不高。

儘管頓時缺少了公家經費的依靠，但由於民眾對外星生物的興趣絲毫未減，很快地這個計畫就獲得了民間企業的贊助，到目前爲止，SETI計畫每年從民間組織獲得的奧援，將近有四百到五百萬美金。

鎖定一千顆恆星

自從一九九四年SETI研究院（SETI Institute）不再受到NASA支援、轉而依靠民間組織贊助之後，SETI計畫重新整合與定義，並在一九九五年命名爲「鳳凰計畫」（Project Phoenix，不知道有沒有鳳凰浴火重生的意味），把它的目標範圍鎖定在太陽系附近的一千顆恆星，準備逐一去觀測。這一千顆恆星不單是離地球近，它們的光譜、顏色與溫度也和太陽類似，目的是要在千萬顆星體中，找到像太陽這樣中等程度的恆星：附近有行星系統，環境與溫度也與地球相差無幾，或許就有機會發現類似於地球上的生物。直截了當的說，就是要在一千顆恆星中找尋我們的鄰居！

這一千顆恆星座落在太陽系周遭一百五十光年的範圍之內①，這個距離聽起來似乎很遙遠，但我們可以這樣想，整個銀河有兩千億到三千億顆恆星，而鳳凰計畫在這一百五十光年範圍內所鎖定的一千顆恆星，不過就是整個銀河裡的兩億到三億分之一而已！因此，即使SETI的科學家在這一千顆恆星裡有什麼發現

（或沒有什麼發現），我們也不能就單純地把這些結果推而廣之，做出適用於整個銀河的具體結論。

依照鳳凰計畫，SETI的科學家會依序接收來自這一千顆恆星的電波訊號，而偵測每顆恆星的時間爲幾分鐘，然後移至下一顆恆星，希望能在過濾掉自然訊號之後，發現有非自然訊號的存在。但首先得先選定一個電波望遠鏡。

超巨型大耳朵

鳳凰計畫所使用的望遠鏡有好幾座，其中之一非常有意思也非常有名，是一座直徑三〇五米的電波天線，叫做阿雷西波（Arecibo）望遠鏡，位在波多黎各的阿雷西波山谷裡。一般人對電波天線的印象，多止於住家後院或旅館大樓頂層所見到的碟形天線，即所謂的小耳朵或中耳朵，其實它們都屬於無線電波的接受器②。在這裡我順道一提，無線電波的英文是radio wave，我們原來使用「無線電波」一詞，稍嫌累贅，日本翻爲「電波」，而大陸的譯法是「射電」。「射電」聽起來容易產生困擾，會讓人以爲是一種主動發射的電波，然而無線電波天文學

（radio astronomy）的研究是被動地接收來自外太空的電波訊息，並沒有主動發射之意（主動發射的稱為「雷達」），所以我們在為國立編譯館所編譯的《天文學名詞》中，便把無線電波簡化成「電波」了，與日本的譯法相同。

一聽到小耳朵或中耳朵，大家就會連想到一個圓形的碟子，底下有一個細細的杆子支撐著，只要對準特定方位，就可以接收來自電視衛星的訊號。電波望遠鏡就不同了，它必須追蹤某顆特定星體，才能長時間地接受它的訊息，因此這個天線是可以轉動的，轉動的構造也和可見光望遠鏡相同，是一個經緯儀的架構，能夠追蹤星體的位置由東方升起、西方下落。所以，電波望遠鏡和可見光望遠鏡在轉動機械構造和追蹤天體的機制上是相同的，只是電波望遠鏡用的是接收電波的碟子，而不是光學鏡筒。

當天文學家想要觀測愈來愈暗的天體時，電波望遠鏡的碟子就必須愈做愈大，才能滿足觀測需求，相對地，底下支撐的基架就必須愈做愈堅實，更何況這個大碟子還得上下左右轉動，因此下方的基座得應付轉動所產生的力矩才行。在一九八〇年完成、位於美國新墨西哥州的特大天線陣（Very Large Array,

圖三十一　美國新墨西哥州特大天線陣（VLA）近景。
（Courtesy of NRAO/AUI. Photographed by Dave Finley.）

VLA），是由二十七座天線排列成的Y字形天線陣，每一座天線的碟子直徑長達二十五公尺，高度更是有五層樓那麼高。（見圖三十一與彩圖21至23）當然還有更大的天線，美國在前些年設計了一座天線，巨型碟子的直徑可以大到一百公尺這麼寬，我們可以想像這麼巨型的碟子裝在基座上，即使是靜止狀態，基座所承受的壓力就已經非常可觀，更別說當碟子上下左右轉動、去追蹤星體時所產生的力矩了。因此，一百公尺寬的巨型天線幾乎是這種碟形天線的極限。

山谷中的天線

然而天文學家是很貪心的，仍然希望能製造出比一百公尺還要大的天線，來觀測更暗的天體。剛好有一位名叫戈登（William E. Gordon）的康乃爾大學電機工程教授，爲了研究電離層，也需要一個大天線，他就想到，爲什麼不能找一個形狀很像碟子的凹陷山谷，把巨型碟子擺在山谷中，以山谷取代基座來承受碟形天線的重量呢？這個構想在一九六三年實現，就是今天的阿雷西波電波望遠鏡。（見圖三十二與彩圖24）這座三百零五公尺寬（一千英尺）的巨型天線，靠著底

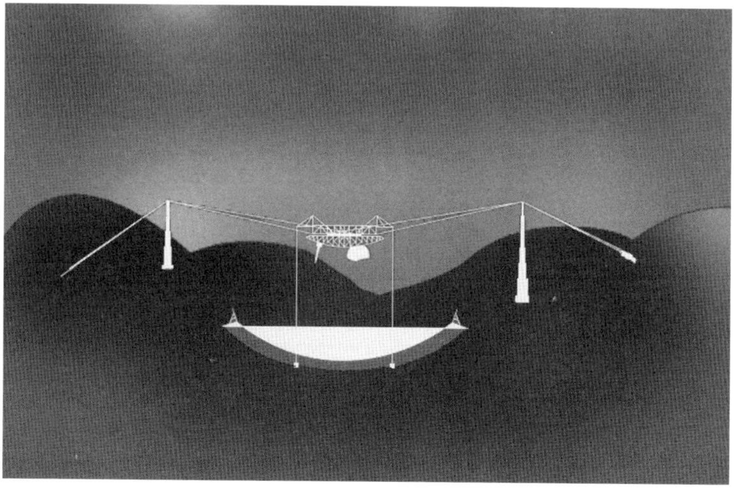

圖三十二　波多黎各的阿雷西波電波望遠鏡側面示意圖。

下的山谷托著，並安裝有堅固的支架，但因爲無法轉動，只能靠著地球的自轉來轉變望遠鏡的指向。但是靠地球的自轉只能被動地觀測到非常小範圍的天體，得想其他辦法來擴大阿雷西波望遠鏡的觀測天區。

其實，阿雷西波望遠鏡的接收機制與可見光望遠鏡很類似，都是利用反射的原理。碟形天線本身是個球面，它可以將遠處天體傳來的無線電波匯聚至碟面上方一百三十七公尺處的一個小天線上，相當於可見光望遠鏡的第二面鏡（反射鏡），再經由第三面更小的天線反射聚焦。包含了第二面和第三面天線的接受器安裝有軌道、是可以來回移動的，如此便可以接收天頂二十度角內的天空傳來的無線電波，藉此彌補只靠地球自轉、僅能觀測小天區的缺憾。

談到阿雷西波望遠鏡這種觀測技術上的改革，就不免要提一提技術儀器與科學的發展是如何相輔相成的。天文學是一門觀測的科學，觀測到的現象需要理論來解釋，但是觀測技術本身的進步，則需要機光電（機械、光學、電子學）的密切配合。過去有好些天文觀測的進展，其實是靠技術進步之賜，進展的方式有兩種，其實是一體兩面的：天文觀測需要有好的儀器來觀測天體，但有時候是科學想法先發生，而後才刺激了觀測儀器的進展，譬如說我們想觀測一顆很暗、或是波段很特別的星體，便會去要求設計儀器的工程師想辦法製造出符合我們需求的儀器，這樣一來，科學的需求便帶動了技術的發展。

另一種進程則正好相反，是工程技術先爲了別的目的、其他的理由而發展，然後被天文學家「窺見」到，突發奇想挪做天文觀測之用，沒想到也交出亮麗的成績。這種發展的例子之一就是紅外線CCD（Infrared CCD ③）技術。最早開始研發紅外線ＣＣＤ的是美國軍方，為的是偵測生物體溫所發出的紅外線，不但可以在戰場上偵測敵人的存在，也可以將更靈敏的紅外線ＣＣＤ裝在低軌道軍事衛星上，對地面拍攝，使地面上的生物活動一覽無遺。這麼尖端的偵防工具，美國軍方在發展初期是不輕易釋出的。（美國一直到現在還不肯把大型的可見光ＣＣＤ賣給中國大陸，更不用說深具軍事價值的紅外線ＣＣＤ。）

美國軍方經過長時間的研發，大幅提升了技術的層次，便把較基礎的紅外線ＣＣＤ的技術解密，讓天文學界拿去使用。這時紅外線ＣＣＤ的偵測對象不再是戰場上的敵人，而是宇宙裡的天體。在我們的銀河或別的星系中，恆星形成的過程常會伴隨大量低溫的雲氣和灰塵，而這些低溫的天體恰好發出紅外線。因此，紅外線天文學在近一、二十年裡進展飛速，尤其是研究宇宙早期的演化時，紅外線是非常有利的波段。

搬上大螢幕

我們繼續再來談談阿雷西波電波望遠鏡。其實，應該有許多朋友都曾見過這個電波天線，因爲它曾經在著名的〇〇七電影「黃金眼」（Golden Eye）中露過臉。這部一九九五年拍攝的新一代〇〇七電影，是由皮爾斯．布洛斯南（Pierce Brosnan）擔任英國祕密情報員詹姆士．龐德（James Bond），片中除了節奏明快的打鬥鏡頭、和龐德女郎的火熱交手之外，最令人注目的要算是片尾的場景了，一座巨大的碟形天線把整部電影帶到高潮。

這座龐德、女郎和壞蛋在上頭互相纏鬥的大碟子，就是波多黎各的阿雷西波電波望遠鏡，但它在電影情節裡卻是〇〇七必須要破壞的對象，原來邪惡的一方想要利用阿雷西波望遠鏡來控制軌道上的衛星，使衛星發射出巨大能量，用來擊毀飛機與戰艦。我在看這部電影的時候，發覺自己根本無法入戲，因爲阿雷西波望遠鏡對學天文的人來說太熟悉了，因此只覺得整部電影如此之「假」，絲毫不能融入正邪相爭的緊張刺激中。

除了〇〇七「黃金眼」之外，一九九七年上映的「接觸未來」（Contact），則是另一部把巨大碟形天線搬上螢幕的電影。女主角茱蒂．福斯特（Jodie Foster）飾演一位自小喜歡用無線電和遠方同好聯絡的火腿族，長大之後成爲電波天文學家，就在波多黎各的阿雷西波致力於接收外星生物訊息的研究，但因爲多年搜尋但無任何突破，研究經費就被美國國家科學基金會刪除了（很類似SETI研究院的命運）。但後來這位女天文學家說服了一家民間企業資助她的計畫，轉到了新墨西哥州的特大天線陣繼續她的研究。當她獨自坐在吉普車上，在夕陽餘暉中看著這二十七座巨大天線同步轉動時，這壯觀場面眞叫人屏氣凝神呢！（不過特大天線陣的主要研究方向是應用干涉儀原理，觀察天體的細微結構，與搜尋外星生命甚無相關。）

「接觸未來」這部電影是改編自天文學家薩根（Carl Sagan, 1934-1996）一九八五年的作品《接觸未來》（*Contact*）。薩根本身就是美國著名的天文學家，曾擔任康乃爾大學鄧肯（David Duncan）講座的天文學和太空科學教授，也是加州理工學院「噴射推進實驗室」（JPL）的榮譽客座科學家。從美國展開太空計畫至今，薩根博士一直扮演主要的推動者角色，並協助解決了許多行星之謎。他曾經以《伊甸園之龍》（*The Dragons of Eden*）獲得一九七八年的普立茲獎（Pulitzer Prize），其他的著作也均爲暢銷書④，而這本《接觸未來》原著在改拍成電影後，薩根也加入了電影製片的行列，專門負責科學方面的疑難雜症，從大處的學理正確與否，到小處的枝末細節都不輕忽。

舉個例子來說，當鏡頭帶到女主角茱蒂．福斯特和飾演總統神學顧問的男主角馬修．康納萊（Matthew McConaughey）在床上卿卿我我時，吸引我目光的卻是床頭上好幾本大部頭的天文書，其中最明顯的是不久前出版的《二〇〇〇年全天星表》（*Sky Catalogue 2000.0*），從這點小地方就足以看出電影製作群認眞的程度。不過好玩的是，這種《全天星表》裡頭全是數字，平常是擺在天文台的觀測室中隨時查考用的，不曉得女主角把它擺在臥室床頭做什麼？

星海茫茫

「接觸未來」這個故事其實是SETI計畫的副產品，它把這個計畫從一開始規劃如何搜尋外星人，到找到外星人後我們如何和他們接觸的發展過程，濃縮在一部電影裡。然而在眞實世界裡，鳳凰計畫卻進行得不甚順利，原因正如我先前提過的，儘管原理簡單，實際工作起來眞的太困難了。

鳳凰計畫所搜尋的電波波段，介於1GHz到3GHz之間，屬於短波無線電波、也就是微波（microwave）的範圍，因爲這段微波範圍是銀河裡背景雜訊最低的波段。

銀河裡各式各樣的雜訊都有，無論是高速的質子或電子、其他各種高能量粒子、星際物質、灰塵、磁場等，都會在無線電波裡產生雜訊，各有各的波段；地球四周也有很多雜訊，像是大氣層、水氣等，也是產生無線電波雜訊的因子。因此，加總地球、太陽系、銀河裡各個背景雜訊的波段，我們發現雜訊最低的波段就落在1GHz到3GHz之間，看似一個微波的通訊窗口。我們相信，假若某種外星生物的智慧、能力和技術眞的與人類相當或更高的話，應該也會選擇這段窗口來通訊。

然而即使只有1GHz到3GHz之間的頻率，看起來不過幾個GHz，但實際上它所包含的電波頻道卻非常多。舉個例子來說，我們在轉動收音機的選台鈕時，不論是在AM或FM，只要稍稍動一下，就會跳到下一個電台⑤。然而我們並不知道外星人所發送的訊號究竟是在哪個「電台」，所以只好在1GHz到3GHz的範圍內、對著一千顆恆星中的每一顆星體逐一調整頻率去收聽，才不會錯過任何可能。雪上加霜的是，平常我們收聽FM電台接收的是兆赫（MHz）的頻率，每一個兆赫裡的頻道數就已經相當多了，而現在這段十億赫的微波範圍比兆赫要擴大了一千倍，可想而知會有多少頻道等待搜尋？簡單的答案是兩千八百萬個。更棘手的是，若我們的目標是顆行星，行星又會繞著恆星運動，它所發出的頻率還會隨著運動方向而變動，今天聽它的頻率是2.5GHz、明天可能是2.6GHz，後天又跳到了2.4GHz了。此外，還得考慮電波偏振⑥的問題，這使得要搜尋的頻道數目增加了一倍。

因此，鳳凰計畫對每顆星要搜尋的頻道一共有五千六百萬個，因爲目標太多，每一顆星體只能接收五分鐘。從一九九五年開始，到二〇〇二年爲止，鳳凰計畫鎖定的一千顆星體中大概已觀測了一半以上的數目，未來還有好長一段路要走。（不過即使把這一千顆恆星觀測完畢，所搜尋過的範圍也只占我們銀河中恆星總數的兩三億分之一而已。）我們常說，科學研究之路孤獨且漫長，然而一旦找到了目標與方法，有了高昂的興趣與熱誠，最重要的是連經費也有著落之後，科學家往往會不計一切地走下去。

搜尋外星人的預研究

籌措經費通常是研究計畫的第一步，通常得先申請一小筆經費，做個預研究（feasibility study）來說服「資方」，證明想做的研究是可行的，我們總不能說出「只要你給我所有的經費，我的計畫將在八萬年後會有結果」這樣的保證吧！像鳳凰計畫這樣搜尋外星生命的研究，也必須提出合理的預研究，好說服別人這樣的課題是會有斬獲的，以下結合各領域知識的幾個論點，就是讓科學家認爲外星智慧生物存在的機率很大的幾個主要的理由。

第一，由天文生物學（astrobiology）的角度來看，含碳的有機分子不只存在於地球，在宇宙各處的恆星與星際物質裡含量也很豐富，表示建構生物體的基本材料已經具備；第二，從一九九五年開始，已經發現在太陽系以外至少有九十個恆星，旁邊都圍繞有行星，表示類似我們太陽系的行星系統並非稀罕；第三，地球之外的行星或衛星上，已經發現有水存在的跡象，例如我們在前兩章提到的火星，另外在木衛二（歐羅巴，Europa）、木衛三（甘尼米德，Ganymede），與木衛四（卡利斯多，Callisto）封凍的表層之下，也有鹹水海洋存在的可能；第四，回到地球來看，在我們腳底下幾公里的範圍，可能有大量的微生物存在，牠們的種類與數量可能不少於地表上的物種，表示有許多物種並不需要陽光、空氣和水三者皆備才能夠存活。

綜合以上的論點，很難令人相信，在廣大的宇宙裡沒有其他生物存在，尤其宇宙自大霹靂⑦以來已經發展一百四十多億年了，應該具有足夠的時間在他處也蘊育出生物，再使生物演化到像我們人類的階段，甚至超越我們。所以，既然我們相信外星高智生物可能存在，爲何不試著去找尋呢？

出於好奇而已

天文學的開端，說穿了就是人類的好奇心而已，好奇除了地球上的萬千生物之外，在宇宙一隅是否還有其他適合生物孕育的環境？好奇在這樣的環境裡是否已發展出不同風貌的智慧生命？若我們知道在宇宙別處還有另一個奇異的世界、住著迥然不同的生物的話，對於我們人類在整個宇宙演化進程上的地位和所扮演的角色，會有更深入的認識，同時在哲學與心理層面也都將產生很大的影響。

就目前而言，在這個領域從事研究的科學家雖然只跨出了非常小的一步，但至少他們已經花了三、四十年的時間來思考研究方法，並且付諸實行，使用電波望遠鏡來監測外太空的環境。科學的價值不只在於最後的結果，之前努力所獲得的經驗同等重要；就好比一項科學發明或發現，沒有九十九次的試驗再試驗，哪能獲得第一百次的甜美果實！

【注釋】

① 離我們最近的恆星是四．三光年，我曾經粗略地計算過，假使乘上最快速的火箭，也要跑個三萬年才到得了！

② 光學望遠鏡接收的是可見光，而碟形天線接收的是無線電波，但因爲這種接收無線電波的碟形天線它的對象也是遙遠的天體，因此我們也把這種巨型天線稱做「望遠鏡」了。

③ 關於CCD的介紹，請見第十一章〈生化電子眼〉。

④ 薩根的其他著作中文版如下：《宇宙的奧秘——天文科學發展史》（*Cosmos*, 1980），桂冠（1989）；《接觸未來》（*Contact*, 1985），皇冠（1997）；《預約新宇宙》（*Pale Blue Dot: A Vision of the Human Future in Space*, 1994），智庫文化（1996）；《魔鬼盤據的世界》（*The Demon-Haunted World: Science as a Candle in the Dark*, 1996），天下文化（1999）；《億萬又億萬》（*Billions and Billions : Thoughts on Life and Death at the Brink of the Millennium*, 1997），商周（1998）。

⑤ 通常收音機接收到的無線電波頻率單位是AM的千赫（kHz）或FM的兆赫（MHz，也就是百萬赫，但從早年開始就錯譯爲「兆赫」），其中k是指10^3，M是指10^6，而G（Giga）是10^9

，因此GHz便是指十億赫的頻率。

⑥偏振（polarization）是指使光波或其他橫波的振盪約束在某個平面內的作用或過程。

⑦大霹靂（Big Bang）說是今日宇宙學的主流，其爆發過程的理論描述宇宙起源於一個溫度無限高、密度無限大的奇點（singularity），這個理論上的奇點通稱爲大霹靂。

第 十一 章

生化電子眼

假使未來的「生化電子眼」真能在人體醫療上大放異彩，
無疑是為太空天文研究拓展了另一條嶄新光明的道路。
因為將太空科技的發展反饋於全人類，
為人類和各種生物帶來福祉，
可以說是結合了冷冰冰的太空科技與熱騰騰的人文關懷。

科幻作家往往把科學家靈光乍現的點子帶得遙遠，使讀者感覺未來有無限可能，然而科幻的幻想可以走得很遠、很快，但科學發展仍須一步步腳踏實地向前邁進。在一九七〇年代，美國上演了一部膾炙人口的電視影集「女超人」（*Bionic Woman*），敘述一個平凡女人在一次跳傘中嚴重受傷後，安裝了超能力的腿、右臂與右耳，受僱於國家情報機構、執行任務的故事。像「女超人」或「生化電子人」這樣的科幻情節早已屢見不鮮，但有趣的是，現今科學的進程正逐步地把這一類幻想實現。

顧名思義，「生化電子眼」（bionic eye）是針對視力受損的人，包括半盲或全盲，嘗試以縮小迷你的天文觀測技術來補足視網膜上的缺陷，以人工的偵測器取代受損的視神經細胞。「生化電子眼」這項創舉，是把太空科技應用到人體醫學上，由目前的趨勢觀察，在不久的將來，這兩個領域交會所激發的火花，將使許多病患朋友們受惠。

把光累積起來！

我們一般做天文觀測時，常使用偵測器（detector）將看到的畫面拍攝下來，再用電腦螢幕顯示出來，若把這樣的顯像過程模擬在人身上，以偵測器當做眼睛，電腦看成人腦時，會不會有奇蹟發生？也就是說，把人眼看到圖像、再將圖像傳給大腦這樣的過程，以偵測器傳送畫面給人腦來取代時，視力受損的人是否會重見光明？

大約在八〇年代初期，差不多是我剛赴美念書的時代，正好是光電科技發展的分水嶺，CCD（charge-coupled device）攝影機的發明帶領光電科技向前邁進一大步。若照字面上翻譯，CCD是「電荷耦合元件」之意，對一般人來說，乍聽之下似乎毫無意義，但其實它就是一種光電偵測器。現今的家用V8、視訊會議所用的攝影機、電梯裡的監控攝影機、緋聞偷拍案裡的電眼、甚至專業的天文攝影機，所使用的皆是CCD的技術。

簡單來說，電荷耦合元件是利用光電效應（photoelectric effect）把光轉化成電流，再把這些電流用訊號處理器數位化，來做影像處理與記錄。相當於CCD攝影機「視網膜」的，是一塊感光晶片，以矽二極體爲材料，它被分割成很多小方格，稱爲像素（pixel）。舉例來說，若一部數位相機的感光晶片大小爲一千乘一千小方格，它便有一百萬個像素，但面積卻多半只有郵票那麼大、甚至更小。當光透過鏡頭照射到攝影機內的晶片時，每一像素會根據受光強度產生相對應數目的光電子（photoelectron），兩者大約呈線性關係。當然，量子效率①是一個重要的影響因素，現今品質較好的CCD攝影機，量子效率大多可達百分之八、九十，即使在弱光環境之下，仍能把陰暗的景象拍攝出來。

除了不能夠累積光線外，人眼幾乎是處處強過CCD攝影機的：人眼的視野寬廣、韌性強、遠近焦點收放自如、強弱光的動態範圍大，還不會扭曲畫面，然而人眼卻不能在弱光環境中，積蓄光線，把原本肉眼看不見的星體累積成像，CCD攝影機正能彌補此一缺陷。當我們做天文觀測的時候，藉由CCD攝影機的長時間曝光，可以把望遠鏡對準暗的天體，追蹤個半小時、一小時，等到足夠的光累積在晶片上後，便可以從畫面中找出比肉眼所見極限之六等星還要暗上幾十萬倍的黯淡天體②。

還記得十年前我們在拍天文科學節目「航向宇宙深處」時，無可避免地要有星空的畫面，才能表現出仰望夜空的情境。但當時爲了拍星空可是大傷腦筋。儘管我們用的是最先進的ENG攝影機，抬頭仰望夜空也是滿天星斗，但拍攝出來的畫面徒剩幾顆大亮星，小的星星全看不見了。原來ENG攝影機一秒鐘跑三十格，所以每一格畫面只能曝光三十分之一秒，暗星根本無法拍攝出來。

爲了克服這樣的弱光環境，我們只得作假，找來一大幅黑紙，讓助理在上頭戳滿大大小小的洞，等到背後的燈光一打上，攝影機裡的畫面還眞像滿天星斗呢！（不過這樣製造出來的星空還是不夠眞實，因爲星星不會「閃爍」！爲了要讓星兒們輪流眨眼睛，我們試了許多種方法，最後終於做到差強人意的地步。在此賣個關子，各位讀者儘可發揮想像力，試想如何用最簡單的方法使星星輪流閃爍？）時光荏苒，現今的攝影機可比十年前高明多了，尤其是所謂的弱光攝影機，即使是對暗星的微弱光芒，仍能拍得很清晰。

人工視網膜

話說回來，若以科學的觀點來看，視網膜類似一種生物的太陽能板。衛星的太陽能板在張開之後，光落在太陽能電池上會被轉換成電流。若將此概念套用在人眼上，視神經細胞就可以看做是把光線轉變成電流脈衝的生物太陽能電池（biological solar cell）了，這兩者的相異處，在於太陽能板的電流提供衛星平常動力所需，而視神經細胞所產生的電流是送往腦部建構圖像用。這樣的構想是由美國休士頓大學（University of Houston）太空眞空磊晶中心③的科學家所提出來的，且從一九九四年開始，逐步發展至試驗階段。

人眼的視網膜可粗分爲兩種感光細胞，包括視錐及視桿④，視錐分布在視網膜後部正中央，專司強光，視桿分布在四周，專司弱光。視網膜一旦發生病變或退化、無法感光後，視力便會減弱，甚至失明。若我們把人眼比喻做攝影機，那麼視網膜上的視神經細胞就是偵測器上的像素了，一旦視神經細胞受損得多了，偵測器失效，但後方的線路卻仍是完好無缺時，是不是有某種材料能取代偵測器，使攝影機恢復運作呢？答案是有的，太空眞空磊晶中心研發出一種陶瓷材料，用這種材料製成的感光陶瓷薄膜，可以植入人眼，取代壞死的視錐或視桿（見圖三十三）。乍聽之下，這個技術似乎不太難，然而唯一棘手的是，製作陶瓷薄膜的工作，必須在太空中進行。

無重力的太空環境非常適合生物醫學的研究，對結晶成長與薄膜的製作有很大的幫助，而這種陶瓷薄膜的製作，是太空眞空磊晶中心的科學家經過不斷實驗得出的技術。他們利用尾跡屛罩設備（Wake Shield Facility, WSF）——一個大約四公尺直徑的蝶形平台，在太空的無重力環境中，製造出磊晶薄膜。一九九六年，在一次太空梭任務中，太空人利用哥倫比亞號的遙臂，像送出衛星一般地將尾跡屛罩設備送出（見彩圖25），巧妙地使用低軌道環境中的氧原子做氧化劑，使薄膜自然氧化，又因爲是在無重力、超眞空的狀態，一個原子連結一個原子、一層疊加一層，可以使得製成的陶瓷薄膜不但均勻，而且非常薄。

過去也曾有科學家試著建造人工的視錐和視桿，但多半是以矽爲主材料的感光偵測器，然而矽對人體而言是有毒的，且無法讓人眼所分泌的液體通過，若改

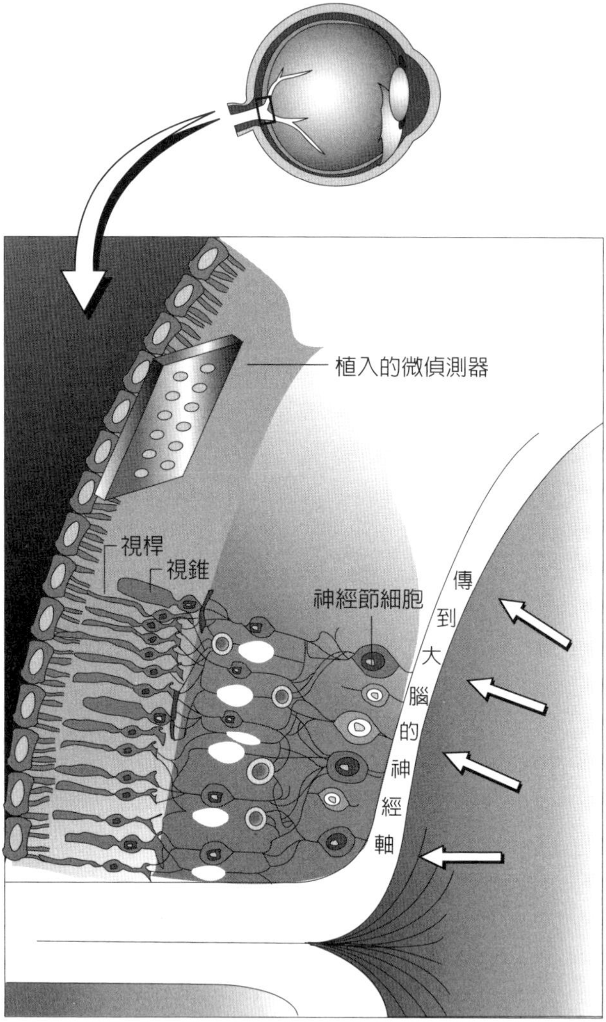

圖三十三　以植入的陶瓷微偵測器取代視網膜內受損的視桿和視錐。

用陶瓷薄膜偵測器，這些問題都不會發生。陶瓷薄膜的粒子是一個個單獨的、五微米（一微米等於10^{-6}公尺）大小的偵測器，與眞實的視錐大小差不多，因此眼睛每一部分所需的養分，並不會被陶瓷薄膜所阻擋，所以解決了昔日體積大、又無法滲透的矽質偵測器所遭遇到的難題。根據太空眞空磊晶中心的說法，陶瓷薄膜偵測器是很穩定的，本身不會惡化，更重要的是，也不會使眼睛惡化。

然而，由十萬個只有人類毛髮二十分之一大小的偵測器組成的人工視網膜，仍是小得不得了，外科醫師是無法將它安全植入人眼的，因此科學家把這些偵測器陣列接合到一片一毫米見方的聚合體薄膜上，在植入人眼後約莫幾個星期，聚合體本身會被眼睛組織所「分解」，融爲眼睛的一部分，只留下陶瓷偵測器，才眞正形成了名副其實的「生化電子眼」。

專業分工與整合

人工視網膜的臨床人體試驗將會在二〇〇二年於休士頓的德州大學醫學院展開，但已經有很多人聽說了這項消息，紛紛打探移植生化電子眼的可能性。到二

○○一年底爲止，超過兩百人已經對這家公司提出申請。儘管生化電子眼的前途看似一片光明，但從實驗室走到診所，仍是條漫漫長路。目前科學家還不能確定人腦會如何解讀來自人工視錐與視桿的陌生脈衝，人工視網膜的「解析率」又能達到多少，以及需要多少的時間來學習這些訊息所代表的意義，要回答這些問題，都有待對人體的臨床實驗。但他們仍信心滿滿地認爲，人腦最終是會適應的，只是學習的過程必定緩慢，就好像嬰兒初次學習辨識形狀和顏色時，不可避免地要歷經摸索與學習的階段。

假使未來的「生化電子眼」眞能在人體醫療上大放異彩，無疑是爲太空天文研究拓展了另一條嶄新光明的道路。因爲將太空科技的發展反饋於全人類，爲人類和各種生物帶來福祉，可以說是結合了冷冰冰的太空科技與熱騰騰的人文關懷，這也是我們的國科會這些年來一直大力鼓吹的一個方向。

記得有一回，我參加一場與國外學者對談的「台灣天文未來十年發展規劃」會議，就有一位國外學者提出一個很有趣的建議，他認爲天文工作者可以幫忙生物科技人員做影像成像分析的工作。因爲在生物科技或生命科學的研究中，常需要拍攝及分析人體或生物組織結構的影像，而影像分析是天文工作者擅長的，尤其是在弱光下對暗目標的分析。因此，若把影像分析的工作擴展到其他領域，應該會對他人產生很大的助益。這樣的想法或許還有些遙遠，但相互分工及跨領域交流的構想，的確提供了一個獨特的思考方向。

【注釋】

①量子效率（quantum efficiency, QE），若有一百個光子落到晶片上，卻只能偵測到二十個光子的話，它的量子效率就是百分之二十。

②將星體的亮度分成等級，用來表示恆星亮度相對大小的度量，稱爲星等（magnitude）。早年的希臘人定義每一星等間的亮度差爲二．五一二倍，即定義一等星的亮度約爲六等星的一百倍，而其五次方根爲二．五一二，即是$(2.512)^5 = 100$。比一等星還亮的星是零等；再亮的則用負數表示，如-1等、-2等、-3等，例如太陽的星等爲-26，滿月的星等爲-13，金星最明亮時約爲-4等。

③太空眞空磊晶中心（Space Vacuum Epitaxy Center, SVEC）是由美國航太總署資助經費的十七個商業太空中心（Commercial Space Center, CSC）之一，參與NASA的太空產品發展（Space Product Development, SPD）計畫，這個計畫的目的在鼓勵應用太空科技發展工業產品，使太空商業化。

④視錐（cone）實際上有三種，分別針對短、中、長波長的光產生反應，所以視錐常被誤稱爲藍視錐、綠視錐和紅視錐。視錐大約有七百萬個，專門負責亮光下的視力及彩色呈像。另每隻眼睛中有一億多個視桿（rod），主要在黯淡光線下作用，此時視錐並未啓動，所以在微光下我們無法看見彩色。這也是爲什麼我們由明亮的户外進入黑暗的室内時，需要等一段時間才能看清室内景物。一般人以爲是要等瞳孔張大，但實際上瞳孔變化產生的影響極爲有限，主要是此時感光的機制由視錐換成視桿，而啓動視桿需要花上一些時間。如果單純由瞳孔的變化來考量，瞳孔最小時約爲兩公釐，最大時約爲八公釐，兩者相差四倍，換成入光面積則差十六倍，因此理論上人眼感知強弱光的差別應爲十六比一，但實際上人眼所能看到的最強光與最弱光之比爲十億比一！這就視因爲有兩種各司其職的視神經細胞的緣故。

第 十二 章

聯合縮小軍

對奈米科技而言，沙粒是大得不得了的，
而奈米粒子是小到可以當作治療人體細胞的先鋒部隊。
以奈米粒子充當「聯合縮小軍」，實現的是它的概念，
是把奈米膠囊放入血管裡，
去修補或毀滅受損的細胞。

記得小時候曾經看過一部好萊塢電影「聯合縮小軍」①（Fantastic Voyage, 1966），男女主角都是俊男美女，男主角的工作是擔任科學探索艙的駕駛員，每次在被一道特殊的光線照射後，就會變得很小很小，可以注射到人體裡，進行體內醫療修復工程。後來在一次出任務時，不小心被注射到一位毫不相干的第三者身上，牽扯出一連串是是非非，是一部很經典的科幻電影。現在，這部電影的部份情節，正逐步在付諸實現。

外太空的危機

美國航空暨太空總署（NASA）結合德州大學（University of Texas）醫學院，目前正在研究這種醫療的可能性：把小小的東西注射到人體裡，修復或甚至摧毀受傷的細胞。這項研究的目的並不是針對一般大眾或日常治療，而是為了那些做長程星際旅行的太空人。在未來飛往火星、木星、土星的太空人，可能會有幾個月、甚至幾年的時間連續暴露在太空中，而太空環境裡沒有磁場和大氣層的保護，許多高能量的粒子和輻射能恣意穿透人體，在人體無感覺的情況下對細胞和DNA造成破壞，一旦DNA被破壞，就有可能轉變成癌症。因此，爲了確實掌握這些被破壞的細胞，使它們能在最短的時間內修復，或是趁早將無可救藥的細胞毀滅，防止它們惡化、蔓延，航太總署開始與德州大學合作研發相關技術，這和「聯合縮小軍」的科幻玄想，有某種程度上的類似。

人類生存在地球上，是根據地球的環境演化而來的，一旦離開地球到外太空去，有許多事物在短時間與長時間的尺度下，都會發生變化。記得曾經看過一項英國的研究報導，說未來星際旅行只能買單程票，因爲從一個恆星到下一個恆星（不是指太陽系裡的行星），至少都要花上千百年的時間，也許我們在有生之年根本到不了一個目的地，子子孫孫必須一代傳一代地旅行下去，等到我們其中一代子孫終於抵達目的地時，他們或許早已忘記先人最初的起點或終點是哪裡、最初的目的又是什麼，這倒正好驗證了一句話：成功不必在我！但那時何謂「成功」？

星際旅行是個很有趣的話題，尤其是表現在文化和社會上的差異。人類一旦離開了地球，很快地就會發展出自己的文化，會和地球上的文化迥然不同，會出現另外一個世界、一個新的社會。

就技術層面來說，人體在外太空中會受到兩種影響，第一是沒有重力，也就是失重；第二是缺少大氣與磁場的防護。失重又分爲兩種，一種是當太空船從地球出發到火星、到木星、甚至到土星的衛星去的過程中，沒有接近任何大型的天體，眞正飛行在行星際間的失重環境。當然太陽對太空船仍是有重力的，只是裡頭的太空人已感覺不出來，因此飛行過程中仍算是屬於失重狀態。

另一種失重狀態是發生在環繞地球運行的物體上，譬如環繞地球運行的太空船，我們看過太空人在太空船裡飄來飄去的畫面，但那不是眞正的失重。在這個情況下重力是的確存在的，因爲地球正是靠這個重力把太空船拉著，繞著自己轉，要是沒有這個重力，太空船早就一去不回了，只不過此時重力加速度剛好也就等於太空船繞著地球轉的向心加速度。這樣說有點玄，但這是正規物理學上的講法。實際上太空船裡的重力不但存在，而且是地球表面重力的百分之八十，所以太空船裡的重力其實還蠻大的！

那麼，爲何人會飄浮在太空船裡呢？剛才提到物理課本上的解釋是：重力轉變成太空梭繞著地球做圓周運動的向心力。很多人會被這樣的講法弄糊塗，若我把它翻成白話文，則應該是：人與太空船是一起被地球的重力拉著，同步在旋轉，因此人與太空船之間是沒有關係的，也就是說，太空船裡若沒有人，太空船仍然會繞著地球轉；若把太空船拿掉，太空人也依然會環繞地球運行。就好像身處在地表上失速往下掉的電梯裡一樣，當電梯以自由落體往下掉時，裡頭的人會飄起來，這是因爲人也在做相同的自由落體運動，所以看起來人和電梯好像互無關係，但兩者其實都受地球重力的牽引。

圓周運動是一種加速度運動，它有個指向圓心的加速度，稱做向心加速度，它不會改變圓周運動的速率，只會改變物體運動的方向，使這個物體不斷繞著圓心轉，而不會直直朝切線方向飛出去。環繞地球的太空船之所以會依循軌道運行，是由於這種加速度拉著太空船的結果，而這個加速度的角色正是由重力來扮演的。

反觀太陽系，若我們在天王星、海王星和冥王星的位置來看太陽，太陽的大小就會像一顆乒乓球一樣，但儘管太陽距離那麼遠、看起來那麼小，這三顆行星依然乖乖地受到太陽的重力吸引、依循自己的繞日軌道旋轉，所以說重力的影響的確是無遠弗屆。

一旦太空人進入環繞地球軌道的失重狀態，或離開地球，到了地球的重力極小極小的地方②，也就是到一個周遭沒有星體、幾乎感覺不到重力存在的範圍時，人體的生理狀態會慢慢改變。人在沒有重力又不運動的狀態下，身體的骨骼和肌肉會逐漸退化，因此太空人在無重力的太空船裡一定要逼迫自己運動，美國航太總署總不希望看到，從飛回來的太空船裡走出來（或說是滾出來）的太空人，只剩下一顆腦袋，爲了記錄他們所得的資訊，只好把他們接上電腦，充當CPU來用吧！

話說回來，太空人必須逼迫自己運動，但在無重力的狀態下要怎麼運動呢？他們不能像地球上的人一樣，靠著抗拒地球的重力，提供肌肉與骨骼運動的機會，像是慢跑、爬樓梯、騎腳踏車等，因爲在失重環境中，沒有反作用力、沒有阻力，身體無法出力，也就達不到運動的效果。因此，太空梭座艙中設計有一條條具彈性的皮帶，一端釘在地面上，當太空人站在太空梭的「地面」上時，可以利用前後的皮帶把自己的腰拉住，讓皮帶產生一個向下的拉力，使太空人感受到地面給予的反作用力，使雙腳可以保持壓力地接觸地面上的跑步機，利用這種人工製造的重力達到運動的效果。

脆弱的血肉之軀

失重的另一項影響便是血液循環。人類在地球上是直立行走的，因爲重力的關係，血液集中在頭部的機會不多，所以人類頭部的溫度也稍低。以美國的太空梭爲例，在發射升空約八分鐘、進入地球的軌道、並把主引擎關掉後，突然之間沒有上下之分、感覺不到重力，太空人會跟周遭的記事簿和鉛筆一樣飄起來，過了一陣子後，太空人的臉部會浮腫、充血，這是因爲血液均勻地分布在身體裡的緣故，這便是失重的後遺症。

當然，即使身在地球上，在一些較極端的環境下，人體也會有諸多不適的現象。在我還是研究生的時候，有一次和教授同去智利做觀測，回程時自己經過祕魯，順便去參觀馬丘比丘（Machu Picchu）的印加帝國古蹟，這座古城是位在海拔三千兩百公尺的高山上。前一天我們先在附近的山城庫斯科（Cuzco）住一晚，第二天再乘巴士去馬丘比丘。庫斯科的高度不過兩千四百多公尺，但有些觀光客就已經出現高山症的症狀，尤其是在吃過飯後的下午，因爲這時血液多離開腦部，使得高山症的病狀加劇。但有意思的是，當地人有一個祕方，就是嚼一種樹葉，來減輕身在高山的不適感，而據說這種樹葉正是用來提煉古柯鹼的。

缺少大氣與磁場的防護

做長程星際旅行的太空人，感受不到、卻分分秒秒對身體有所影響的，是高能量的粒子和輻射。就像我們現在正在看書的當口，從太陽來的微中子，正以每秒鐘數以億萬計的數目穿透我們的身體，還好這些微中子幾乎不跟任何物質作用，因此不會對人體產生影響。但如果我們正在星際空間中旅行，高能量的帶電質子或不帶電的中子（太陽風有百分之九十是帶電質子），穿過我們身體的話，會對我們體內的細胞造成影響。如果它們破壞了細胞內的ＤＮＡ，後果便不可小覷，有可能產生癌症，或使基因突變。像廣島、長崎核彈爆炸後，很多人到後來得了癌症，就是因爲放射線或是快速中子的影響，使得細胞基因產生突變所致。

和外太空比起來，在地球表面的確是安全得多，因爲大氣層保護了地表生物，使我們不致受到太陽輻射的直接傷害。不過大氣也是一把兩刃刀，因爲對天文觀測的人來說，大氣是很大的影響因子，大氣會擾動、會吸收輻射，影響了地面光學的觀測條件，因此做地面光學觀測的人常常對大氣恨得牙癢癢的。

另外是地球的磁場，地球磁場能把來自外太空的高能帶電粒子偏移到南北極去。磁場有個特性，高能粒子一旦進入了磁場後，會被磁場的磁力線抓住，或說「套牢」。譬如說我們面前有一個從下到上的磁場，而一個帶電粒子正欲橫向穿過這個磁場時，此粒子會感受到磁力，而繞著磁場開始產生螺旋運動，視其帶正電或負電，粒子會向上或向下偏移，因此這個帶電粒子是無法輕而易舉直接穿透磁場的。

地球四周是被由南極往上到北極（磁南極到磁北極）的大磁場所環繞，就像被甜甜圈包裹一樣，所以外來的高能粒子進入地球磁場後，不是向南極偏移、就是往北極跑去，使得大量的高能粒子聚集於南北極上空，而不會直接撞擊到較低緯度的地球表面（見圖三十四）。這些高能粒子高速撞擊南北極上空的空氣分

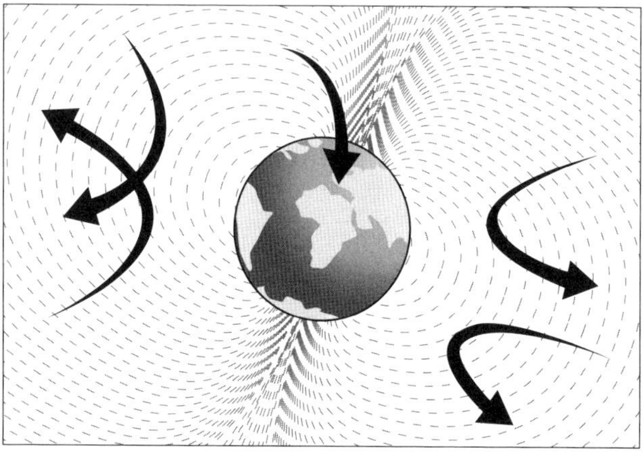

圖三十四　地球的磁場使外太空的帶電粒子偏離地球。

子，激發空氣分子和原子放出光芒，就產生了我們所看到的極光（aurora，見彩圖26）。每當太陽表面活動很劇烈時，就會有大量高能粒子衝到地球表面，我們就常會在接近南北極的地區看到大規模的極光。因此，高緯度甚至中緯度地區的有關單位，常會發布極光「警報」（aurora alert，正確說來，不能說是極光「警報」，因爲我們有大氣和磁場的防護，這些高能粒子並不會對人體造成傷害），提醒民眾將有極光現象出現。

反觀在外太空中，沒有磁場的保護，高能帶電粒子的傷害就很大。有人就想，是否可在太空船四周製造一個磁場，但目前這還屬於科幻的範疇，像是在星際大戰遊戲裡、你打我我打你的緊張刺激畫面中，一位遊戲者按下一個鈕，他的太空船外面就會出現一層保護罩的想法。

奈米科技

一公分的一百倍是一公尺，一公尺的一千倍是一公里，這是現有公制中普用的最大單位（當然，在天文上更有大到以光年爲單位的計量方法）。反過來說，千分之一公尺（就是〇．一公分）我們稱做毫米，因爲「毫」這個字統一代表一千分之一，也就是10^{-3}，而毫米的千分之一，或10^{-6}米，則稱爲微米（英文叫做micron）。再往更小的方向發展，10^{-6}米的千分之一，也就是10^{-9}米，就稱之爲奈米（nanometer）了。

奈米科技是現在當紅的一個學門，無論是政府、大學或民間組織，目前都積極地在成立各種奈米科技中心，像是榮獲一九九七年諾貝爾物理獎的華裔科學家朱棣文（Steven Chu, 1948-），就是利用雷射致冷技術，研究出將原子降溫以至於捕捉的方法，這便是奈米科技的尖端發展。猶記得大約十幾年前，IBM（國際商業機器公司）旗下的研究人員，就已能移動一個個非常小的原子，使用五十個左右的原子在高倍顯微鏡下排列出IBM商標的三個字母。今日我們已經普遍認知，在這個「微小」的領域裡，目前許多方面的研究，將會對人類未來的日常生活，產生很大的影響，這便是爲什麼奈米科技現在方興未艾的原因。

奈米粒子（**nanoparticle**）並不是指一般所見的沙粒、塵埃這麼「大」的東西，而是10^{-9}公尺的尺度內的物質。對奈米科技而言，沙粒是大的不得了的，而奈米粒子是小到可以當作治療人體細胞的先鋒部隊（見圖三十五）。奈米科技中的「聯合縮小軍」，當然不是像電影裡演的把人縮小來使用，而只是應用了它的概念，把所謂的奈米「膠囊」放入血管裡，去修補或毀滅受損的細胞。

然而，這種擔負著「聯合縮小軍」任務的奈米膠囊粒子又如何知道損害了的細胞在哪裡？

當我們把奈米膠囊用針筒注射到人體後，它們會自己找到受損的細胞，因爲這些細胞一旦被高能粒子所傷，表面會出現一種蛋白質，叫做CD95（Fas表面抗

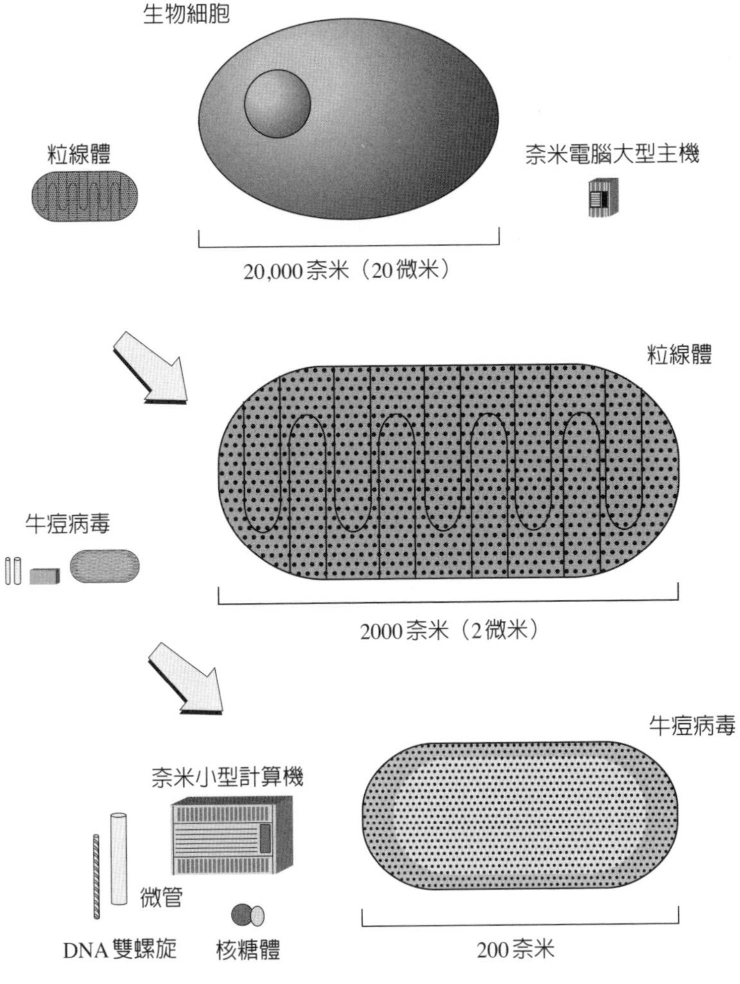

圖三十五　生物世界的細微組成和人工分子裝置的連續放大比較圖，顯示出奈米機器（nanomachine）的尺度。在奈米科技的王國中，一部電腦大型主機的大小可以和細胞裡的粒線體（mitochondrion）一般大，而一台用來跑程式、幫助修補受損細胞的小型計算機，則可能比一個病毒還要小。

原CD95），等於是標誌上了特別的記號，就好像告訴別的細胞：我受傷了。奈米膠囊會去尋找具有這些特徵蛋白質的細胞，然後加以摧毀。

我有時會想，從小到大只要生了病，不管是大病小病、輕的重的，治療的方法幾乎都是從嘴巴把藥往肚裡吞，難道說無論到哪一個病灶，這都是最近的路嗎？是否有一種更直接的管道？現在終於看到這種利用奈米膠囊來治療受損細胞的方法，比一個勁兒的往肚裡吞藥要來得直接多了，且若用在治療癌症上，會比化學治療或放射線療法更加溫和，因爲它們不會破壞健康的細胞。

奈米膠囊能放出一種特別的酶（enzyme），可以讓受損細胞自我毀滅，也就是使細胞開啓凋亡③的機制，如果細胞受損太嚴重的話。或者奈米膠囊可以把那些修復特定DNA的酶釋放出來，去修復受損不嚴重的細胞，便可讓細胞恢復健康，免除後遺症的威脅。更好玩的是，在製造這些奈米膠囊的過程中，可以將其覆上一層螢光，使奈米膠囊在身體內走到不同的器官或受損的組織時，我們可以透過螢光來探測它們的位置；更有甚者，有些膠囊可以加入特殊設計，使其在不同的治療階段反映出不同的顏色，以利醫療研究人員監測治療的進程。

未來新視界

目前這種奈米科技正在如火如荼地研究發展，讓「聯合縮小軍」的科幻情節逐漸付諸實現。當然，參與這項奈米科技的研究人員也指出，整個利用奈米粒子的治療過程相當複雜，包括生物感應（biosensing）和藥物輸送（medicine delivery）的技術，要把它們結合在一起絕不是a piece of cake（輕鬆容易之事），但就目前的情況而言，卻也非a pie in the sky（遙不可及的夢想）！因爲這些技術，像是修復DNA的酶、奈米膠囊、用螢光來標誌的技術（fluorescent tag），現在都已經成熟了，只等待研究人員把它們結合起來，應用在人體上。

奈米膠囊在太空發展中的應用，最先設定的對象是準備在外太空待上幾星期甚至幾個月的太空人，他們在「登機」之前，先接受奈米膠囊的注射，來摧毀或治療已受損的細胞，以免在未來長時間的星際旅行中，受到高能粒子侵害而使病況加劇。我相信，這種治療方法發展到更成熟的階段後，應用領域會逐漸從太空人身上擴展到地球上的一般人，成爲航太研究的一項 spin-off（衍生出來的利益），而且它將爲全人類帶來的福祉，絕對可能超過它的最初目的。這也是爲什麼美國航太總署的許多研究都受到美國民眾普遍支持，因爲它不是光在那裡玩自己的太空科技，還會應用這些新發展的科技，回頭造福地面上的普羅大眾，而使得太空科技的研發成爲一個有遠景、有創見的雙贏遊戲！

我們也應以此自勉！

【注釋】

① 參與劇本製作的是科幻大師艾西莫夫（Isaac Asimov, 1920-1992），美國著名的科幻小說作家，也是舉世聞名的通俗科學作家，一生編寫過的書近五百本，堪稱著作等身。「聯合縮小軍」在一九八七年改編成喜劇片「驚異大奇航」（*Innerspace*），由丹尼斯．奎德（Dennis Quaid）和梅格．萊恩（Meg Ryan）主演。

② 重力與電磁力一樣是屬於超距力（long-range force），也就是兩質點不必接觸便可產生交互作用。根據量子物理，超距作用一律靠媒介粒子傳遞，例如靜電力與磁力的媒介粒子都是光子。重力的大小與兩物體之間的距離平方成反比，因此不管我們跑得多遠，距離平方的倒數是趨近於零，但永遠不等於零，只能說引力變得極小極小。

③ 凋亡（apoptosis），細胞因失去相鄰細胞所釋出的維生訊號，而展開自我摧毀的程式化細胞死亡的過程。由魏理（Andrew Wylie）在一九七二年正式命名，原文源自希臘文，即老葉從樹上脫落的意思。

附　録

關於在這本書裡所提到的一些天文太空機構與研究單位，我想藉此機會把它們的網址一一列出，不僅是提供讀者方便查詢的管道，也希望大家能抽空瀏覽，尤其是許多隸屬於美國航太總署ＮＡＳＡ之下的研究中心，它們的網頁所提供的資訊與教育資源，多是剛剛出爐的天文發現，與衛星傳回來的第一手畫面。網路世界無遠弗屆，讀者儘可以把網路當成取之不盡、用之不竭的資源，或許我們會發現，知識的寶庫猶如浩瀚的宇宙，正等待著我們去發掘。

美國航空與太空總署（ＮＡＳＡ）：http://www.nasa.gov

ＮＡＳＡ噴射推進實驗室（ＪＰＬ）：http://www.jpl.nasa.gov

ＡＭＥＳ研究中心：http://www.arc.nasa.gov

高達太空中心：http://www.gsfc.nasa.gov

哈柏太空望遠鏡（ＨＳＴ）：http://www.stsci.edu/hst

國家電波天文台（ＮＲＡＯ）：http://www.aoc.nrao.edu

星輝計畫（Starshine Project）：http://azinet.com/starshine

值得推薦的民間太空資訊網站：http://www.spaceflightnow.com/index.html

歐洲太空總署（ESA）：http://www.esa.int/export/esaCP/index.html

SETI研究院：http://www.seti-inst.edu

中央大學天文研究所：http://www.astro.ncu.edu.tw

中央研究院天文與天文物理研究所：http://www.asiaa.sinica.edu.tw

成大天文學實驗室：http://www.phys.ncku.edu.tw/~astrolab

漢聲電台：http://www.voh.com.tw

　北部地區：FM 106.5 MHz

　中部及花蓮地區：FM 104.5 MHz

　嘉南地區：FM 101.3 MHz

　高屏及玉里地區：FM 107.3 MHz

　台東地區：FM 105.3 MHz

國家圖書館出版品預行編目資料

孫維新談天（Chatting about the Heavens）／孫維新著；王季蘭整理. -- 第三版. -- 臺北市：遠見天下文化，2011.01

冊；　公分. --（科學文化；BCS148B）

ISBN 978-986-216-684-0（平裝）

1.天文學

320　　99025475

科學文化 146B

孫維新談天

作　　者／孫維新
整　　理／王季蘭
策 劃 群／林　和（總策劃）、牟中原、李國偉、周成功
總編輯／吳佩穎
編輯顧問／林榮崧
責任編輯／王季蘭；林文珠
美術編輯暨封面設計／劉世凱
彩頁設計／張議文
插畫繪製／邱意惠

出版者／遠見天下文化出版股份有限公司
創辦人／高希均、王力行
遠見・天下文化 事業群榮譽董事長／高希均
遠見・天下文化 事業群董事長／王力行
天下文化社長／林天來
國際事務開發部兼版權中心總監／潘欣
法律顧問／理律法律事務所陳長文律師　　著作權顧問／魏啟翔律師
社　址／台北市104松江路93巷1號
讀者服務專線／（02）2662-0012　傳真／（02）2662-0007；2662-0009
電子信箱／cwpc@cwgv.com.tw
直接郵撥帳號／1326703-6號　遠見天下文化出版股份有限公司

電腦排版／東豪印刷事業有限公司
製 版 廠／東豪印刷事業有限公司
印 刷 廠／中原造像股份有限公司
裝 訂 廠／中原造像股份有限公司
登 記 證／局版台業字第2517號
總 經 銷／大和書報圖書股份有限公司　電話/（02）8990-2588
出版日期／2020年5月19日第四版第1次印行
　　　　　2023年8月30日第四版第3次印行

定　　價／360元
書名英譯／**Chatting about the Heavens**
by Wei-Hsin Sun

Published by Commonwealth Publishing Co.,Ltd. Taipei, Taiwan
Printed in Taiwan

4713510947067
書號：BCS146B

天下文化

BELIEVE IN READING

天下文化
BELIEVE IN READING